热响应膨润土
构筑理论与防塌机理

董汶鑫 贺明敏 曹 成 ◎著

石油工业出版社

内容提要

本书从理论基础、热响应机制、分子构建、优化设计、防塌机理、复合膨润土的制备等方面展开,结合对工程膨润土与现场应用的多年探索与攻关,深入探讨热响应膨润土结构功效,揭示了其防塌成膜机理、抑制膨胀与分散机理、封堵作用机理、高温降滤动力学机制,构建了热响应膨润土完整性评价方法,形成了热响应膨润土制备与防塌应用技术。

本书可供从事油气开发的科技人员、管理人员及石油高等院校相关专业师生参考阅读。

图书在版编目(CIP)数据

热响应膨润土构筑理论与防塌机理 / 董汶鑫,贺明敏,曹成著. -- 北京:石油工业出版社,2025.1. -- ISBN 978-7-5183-6985-0

Ⅰ. P619.25

中国国家版本馆 CIP 数据核字第 2024HX2655 号

出版发行:石油工业出版社
　　　　　(北京安定门外安华里 2 区 1 号楼　100011)
　　　　　网　　址:www.petropub.com
　　　　　编辑部:(010)64523604　图书营销中心:(010)64523633
经　　销:全国新华书店
印　　刷:北京九州迅驰传媒文化有限公司

2025 年 1 月第 1 版　2025 年 1 月第 1 次印刷
787×1092 毫米　开本:1/16　印张:8.75
字数:170 千字

定价:70.00 元
(如出现印装质量问题,我社图书营销中心负责调换)
版权所有,翻印必究

前言

FOREWORD

随着现代工程的快速发展，对材料性能的要求越来越高，特别是对具有特殊性能的黏土矿物——膨润土，其在构筑工程中的应用引起了广泛关注。膨润土因其独特的多维矿物结构特性，有利于跨尺度热响应分子构筑，能够在环境温度变化下发生体积膨胀或收缩，这一特性在构筑工程中具有重要的应用潜力。本书旨在深入探讨热响应膨润土的构筑理论与防塌机理，以期为工程实践提供理论指导和技术支持。

本书由中国石油川庆钻探工程公司、重庆大学及西南石油大学的董汶鑫、贺明敏、曹成共同编写。围绕热响应膨润土构筑理论与防塌机理，采用实验研究、理论分析和数值模拟等多种研究方法，系统地研究了热响应膨润土的响应行为及其在石油工程中的应用。本书首次提出了热响应膨润土构筑理论，基于膨润土的层状结构与其表面活性位点，对其进行功能化结构设计与修饰，构造插层型热响应膨润土及多臂型自锁膨润土，开创性地以膨润土卡片结构为基础，制备出可应用于高温地层的防塌膨润土。本书不仅丰富了膨润土的理论研究，也为实际工程提供了新的解决方案。

本书获得国家自然科学基金、重庆市自然科学基金的资助。在本书编写过程中，得到了中国石油川庆钻探工程公司、重庆大学、西南石油大学及怀柔实验室相关专家的指导和帮助。谨在本书出版之际，表示衷心的感谢！同时，也期待本书的研究成果能够为相关领域的研究者和工程技术人员提供参考和启发。

鉴于笔者水平有限，疏漏之处在所难免，敬请读者批评指正。

目录

第一章 绪论 ··· 1

第一节 离子液防塌技术现状 ·································· 2

第二节 存在的问题与挑战 ····································· 5

第三节 主要内容和技术路线 ··································· 6

第二章 插层型热响应膨润土成膜理论与防塌技术 ············ 10

第一节 插层热响应膨润土的设计 ····························· 10

第二节 插层热响应膨润土的制备及表征 ····················· 13

第三节 插层热响应膨润土的性能 ····························· 21

第四节 插层热响应膨润土的成膜防塌机理 ··················· 36

第三章 自锁型不可逆热响应膨润土成膜剂研制及其防塌性研究 ······ 37

第一节 自锁的概念及应用 ···································· 37

第二节 自锁型不可逆热响应膨润土（GB-bent）设计 ········· 39

第三节 自锁型不可逆热响应膨润土（GB-bent）制备及表征 ··· 40

第四节 GB-bent 的结构表征结果 ······························ 44

第五节 自锁型膨润土的性能测试 ······························ 45

第六节 GB-bent 的热响应行为 ································· 48

第七节 GB-bent 的成膜性能及数值分析 ························ 53

第八节 GB-bent 防塌液的防塌性及机理研究 ···················· 62

第四章　纳米级自锁膨润土成膜剂研制及其防塌性研究 … 73

第一节　纳米材料的概念及应用 … 73
第二节　纳米级自锁膨润土（Nano-GB-bent）的设计 … 74
第三节　纳米级自锁膨润土（Nano-GB-bent）的制备 … 75
第四节　纳米膨润土的结构分析 … 79
第五节　Nano-GB-bent 的粒径及热响应性分析 … 80
第六节　Nano-GB-bent 的热响应成膜性 … 82
第七节　Nano-GB-bent 防塌液的防塌性评价及机理研究 … 83

第五章　热响应膨润土成膜剂对页岩水化坍塌的影响及作用机理研究 … 88

第一节　低场核磁共振技术 … 88
第二节　三维结构坍塌损伤准则 … 89
第三节　实验部分 … 90
第四节　工程建模及数值模拟 … 94
第五节　热响应膨润土对页岩水化的影响及对比性研究 … 99
第六节　自锁膨润土对页岩水化坍塌的影响及作用机理研究 … 105

第六章　热响应膨润土成膜防塌钻井液及工程评价 … 113

第一节　热响应膨润土成膜钻井液配方与基本性能 … 113
第二节　热响应膨润土成膜钻井液的抑制性评价 … 114
第三节　热响应膨润土成膜钻井液的抗温性能评价 … 115
第四节　热响应膨润土成膜钻井液的抗盐性能评价 … 115
第五节　热响应膨润土成膜钻井液的抗污染性能评价 … 116
第六节　热响应膨润土成膜防塌钻井液的长效性评价 … 116

第七节　热响应成膜钻井液渗透率恢复值实验 …………………… 118

第八节　热响应成膜钻井液毒性及荧光性能研究 …………………… 118

第九节　热响应成膜钻井液的工业化生产及成本 …………………… 119

第七章　应用与展望 …………………………………………………… 122

参考文献 ………………………………………………………………… 124

第一章 绪论

随着全球常规储层油气开发难度增大，人们为寻求更多油气资源加大对非常规页岩油气的勘探与开发。目前，美国已形成成熟的页岩油气勘探开发技术，由于埋藏浅及储气丰富，其页岩油气的开采成本仅略高于常规油气，这使得美国过去成为世界上唯一实现页岩油气大规模商业性开采的国家。

通过统计 Web of Science 平台的科学文献，自美国能源部提出"页岩油气革命"计划，全球关于页岩气勘探开发的研究热度显著上升，澳大利亚、俄罗斯、加拿大及中国也均认识到页岩的巨大储油气的潜力，相继将非常规页岩气的勘探开发作为国家能源勘探战略计划并组建了多个国际页岩勘探与开发研究中心，仅 2007 年至 2015 年的科学报告量增长幅度近 350%，如图 1-1 所示。

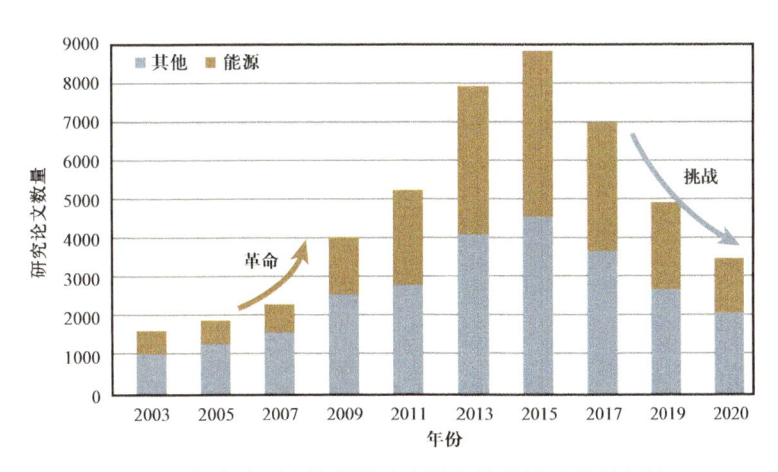

图 1-1 2003—2020 年全球页岩的科学论文报告的统计（数据来源：Web of Science）

但由于沉积环境与地质构造的不同，我国钻遇的页岩油气储层多为泥质型水敏页岩（含膨润土层状结构），页岩结构遇水易垮塌。这主要是因为采用水基防塌液钻进页岩油气层的过程中，未有效遏止水分与页岩储层的接触，导致页岩结构损伤而失稳。严重者甚至引发了井眼坍塌、储层垮塌、局部地震等严重的工程事故，不仅增加了钻井的成本与风险，还给周边人民的生活带来困扰。因此，近年来页岩油气的勘探开发受到一定程度的抑制与阻碍，研究与开发防止页岩水化垮塌的产品至关重要，有利于进一步地深入挖掘页岩油气，提高我国能源储备。

目前，国内外防止页岩水化垮塌主要有降低水活度、抑制黏土水化及阻断水分传递三大技术思路。

第一节 离子液防塌技术现状

应用降低水活度的思想，开发的防塌液主要为高含盐防塌液，如：饱和氯化钠防塌液，饱和氯化钾防塌液，饱和氯化铯防塌液等。通过大量地加入盐，可有效地降低井筒内部水分的活度，提高井筒内外的反渗透压差，从而抑制井筒内部水分渗入储层。

但是上述高含盐防塌液由于引入了大量的金属离子，存在较为严重的环境污染问题，同时也将对钻具产生一定程度的电化学腐蚀。另外，该类型防塌液仅降低了水分子的运动性，减缓了水化传递过程，本质上并未阻断水分子传递，随着施工时间的增加，仍然存在页岩水化坍塌的问题。

一、黏土水化抑制防塌技术现状

基于黏土水化机理，国内外学者提出了抑制黏土水化的技术思路，率先与黏土的层状结构（蒙皂石）的本体结合，以提高黏土对水分子的排斥力，从而达到抑制水化的效果。目前，国内外相关机构研发的水化抑制剂主要分为大分子抑制剂与小分子抑制剂。其中，大分子抑制剂主要通过进入页岩孔径，与页岩表面活性羟基基团形成氢键，并在其内部形成疏水结构，以减少其与水分子的接触，该方法本质上与成膜法类似。例如：An 和 Yu 利用颜德岳院士团队制备的一种大分子树枝状聚乙烯亚胺（PEI）作为防塌液页岩抑制剂（图 1-2），主要通过插入页岩片层间，黏土矿物表面的羟基与 PEI 的主链和侧链中的胺基之间可以形成氢键并吸附在层表面，顶替出层内的水分子。

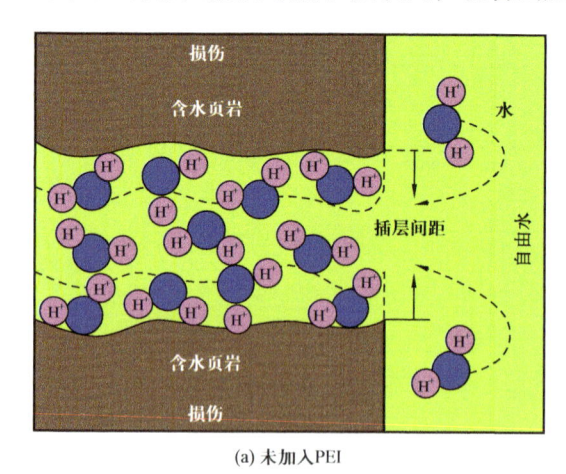

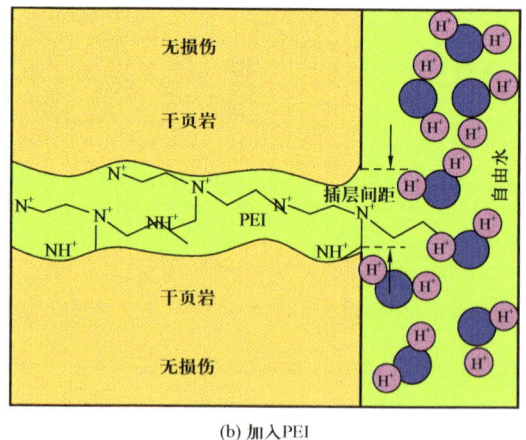

(a) 未加入 PEI 　　(b) 加入 PEI

图 1-2　PEI 抑制页岩水化坍塌的机理图

进一步地，Tas 等则利用 PEI 复合单分子层石墨，形成了高性能防塌抑制剂 PEI-Gr，并与氯化钾进行复配，形成了高性能强抑制防塌液。与传统的饱和氯化钾防塌液相比，根据 PEI-Gr 加量的不同，其最高可有效遏制 65% 页岩的分散，有效抑制了页岩的水化坍塌进程。PEI-Gr 的抑制黏土水化的机理主要是吸附在黏土表面并对层结构进行插入，阻止外部水分进入黏土，有助于缓解由于水合作用引起的膨胀。但是该方法并不能从本质上抑制黏土的水化。因此，国内外学者有更强烈的愿望，希望抑制剂可进一步地进入黏土的层状结构层间，对其初始水化进行抑制。

因此，Wang 和 Pu 制备了具备多个伯胺基团的小分子抑制剂，质子化后的伯胺基团可以与负电性膨润土层间表面形成强静电力吸附，同时依靠其碳链的疏水性排挤出层间的水分子。但未见到其与页岩相互作用的防塌性实验。

另外，Ren 与 Zhai 等研究了氨基化和羟基化的功能离子液体（ILs）对页岩水化作用的抑制作用。但 ILs 无法有效应用于水基防塌液体系，ILs 在应用过程的主要瓶颈及其抑制失败的主要原因，主要有以下两个方面：一方面因为 ILs 过早地被防塌体系中的膨润土或其他聚合物分子消耗掉；另一个方面是因为大量 ILs 被吸收在滤饼上，无法有效穿过井壁进入地层。

上述研究均具备一定的抑制效果，但并不能保证其与页岩中黏土层状结构有效结合，无法形成一定的结构强度，隔离页岩内部的微孔隙即传输通道，也就是说仍可能有大量水分可以渗入页岩内部，产生水化应力，而渗入的水分也将诱发页岩内部水化，造成储层恶性坍塌。因此，研究与开发具备一定隔离结构强度的防塌剂至关重要，可以从本质上阻断水分传递通道。

二、无机成膜防塌技术现状

鉴于黏土水化抑制防塌技术的不足。因此，另一部分国内外学者提出封堵防塌理论。该方法主要是基于页岩孔隙结构，引入疏水性颗粒，在孔道内外构建疏水段塞，阻断水分子的传递通道。Yang 等提出了页岩储层的封堵防塌机理并建立了相关的理论模型（图 1-3），主要是基于页岩储层孔径的大小，设计防塌液封堵剂颗粒的大小，在孔道的前中端构建一定强度的堵塞段，从而达到遏制后续水分子侵入页岩结构内部的目的。

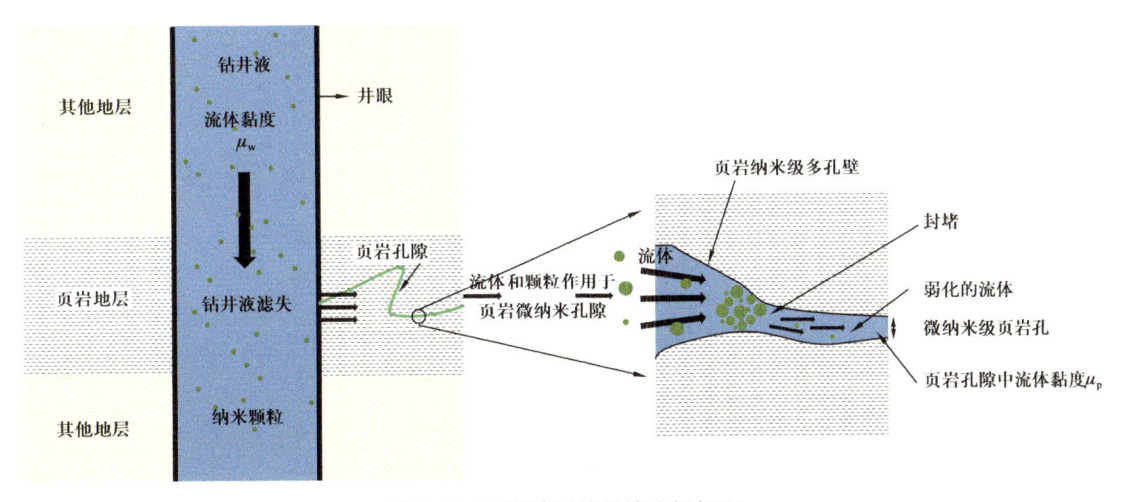

图 1-3　页岩储层的封堵防塌机理

另外，马兰、罗平亚等采用自由基聚合法在高性能多壁碳纳米管表面（MWCNTS）成功引入了阴离子聚电解质（聚3-磺酸丙基甲基丙烯酸钾盐），具有较强的分散性与封堵性，可在API盐水溶液中分散60d，且渗透率降低达50.96%，是一种性能优良的防塌封堵剂。Alyasiri和Wen研究了页岩孔隙的特性，并开发了基于三氧化二铝晶体结构的杂化高性能纳米封堵颗粒Gr-Al$_2$O$_3$，具备优良的高温充填效果，以期对页岩层间结构进行填充。

卢震、孙金声等优选N，N-二甲基丙烯酰胺（DMAM），2-丙烯酰胺-2-甲基丙磺酸（AMPS），苯乙烯（ST）和二甲基二烯丙基氯化铵（DMDAAC）为反应单体，过硫酸铵为引发剂，N，N-亚甲基双丙烯酰胺（MBA）为交联剂，采用乳液聚合法合成了一种纳米聚合物封堵剂。其实验结果表明通过优化分子结构解决了纳米聚合物封堵剂高温易降解的问题，合成的纳米聚合物封堵剂具有优异的抗温和封堵性能。

三、聚合物成膜防塌技术现状

黄书红、蒲晓林等基于乳化沥青的特性，研制了一种在高温高压条件下可变软变形的新型热塑性封堵剂HSH，通过与传统封堵剂乳化沥青、聚乙二醇及乳化石蜡的封堵性能和封堵机理对比，HSH在高温条件下软化变形，在压差作用下挤入裂缝，较宽温度范围内（90~150℃）具有优异的封堵效果，广泛应用于各种探井和深井中。

Zhai等制备了耐高温的大分子酸溶性ASPPG水凝胶，ASPPG属于一种可以形成变形填充和自分解的软材料。Zhai等将其与硬质型碳酸钙进行复合，共同构造了协同"软+硬"的膜系统（图1-4），有效降低防塌液在高温90℃条件下的滤失量，其降低幅度大于60%。但是上述封堵性颗粒封堵孔隙主要取决于其自身粒径的大小，无法封堵孔径小于其自身的孔隙。

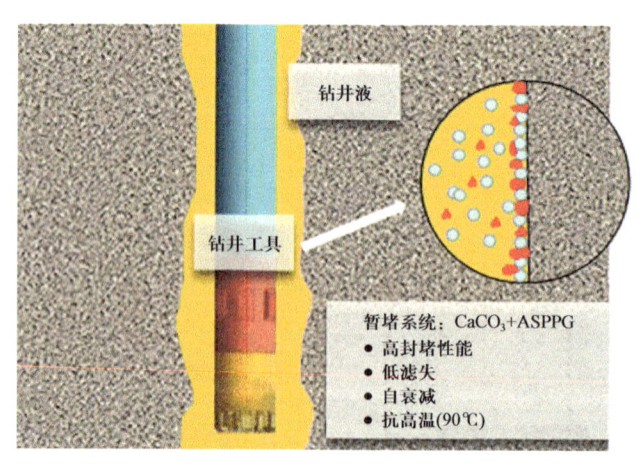

图1-4 ASPPG凝胶与碳酸钙复合的封堵防塌机理图

Zhang等以氧化石墨烯为原料制备了羧化石墨烯（GO-COOH），如图1-5所示，其中羧基比例高达24.3%，在高温150℃条件具备较强的分散性，高温条件下粒径仍可保持在 600nm 左右，可插入页岩微纳米孔，并形成疏水性网状结构，具有较强的高温成膜性。根据其压力传递实验结果，压力传递时间为纳米二氧化硅的 12 倍，为聚丙烯聚二醇和聚醚醇的 4 倍，是一种新型高效耐高温的成膜剂。但是该结构主要以硬质型石墨烯为主，缺乏功能性软物质，尚不能构成致密的防护膜，从而抑制储层内部膨润土层结构的水化分散。

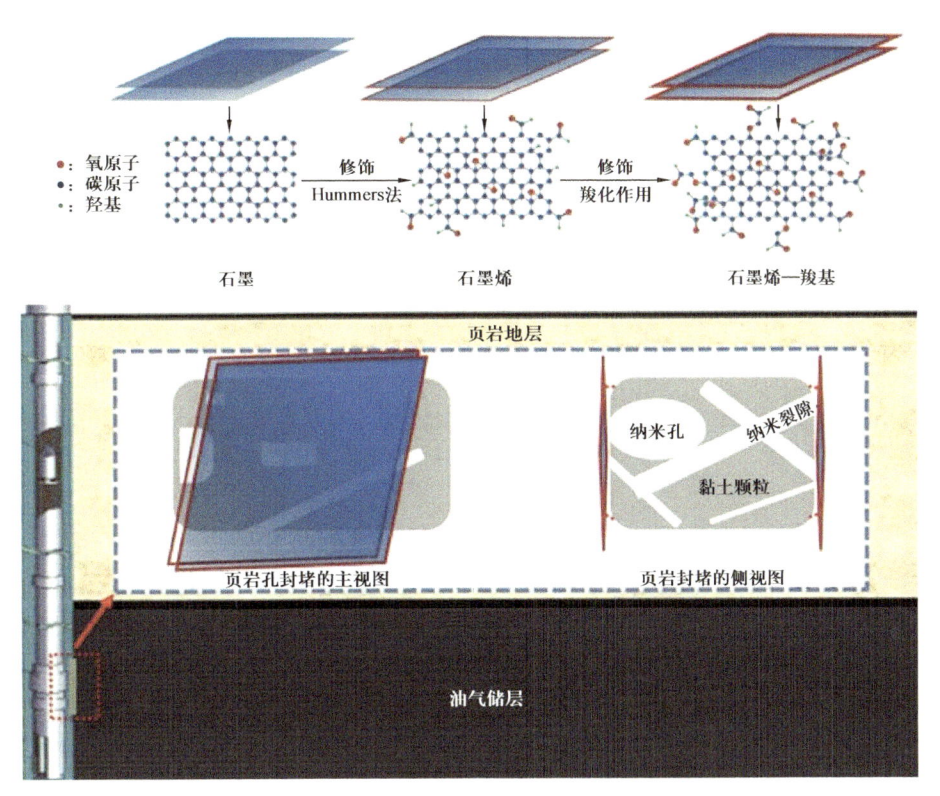

图 1-5 羧化石墨烯 GO-COOH 的制备及成膜机理

第二节 存在的问题与挑战

尽管目前国内外知名机构均已开发多种有效的页岩防塌剂，但是仍存在大量的问题与挑战。

（1）从抑制页岩水化的角度，抑制剂的目的旨在抑制膨润土的水化分散，率先与膨润土片层结合形成表面疏水性基团，即抑制表面水化。但抑制剂难以避免与井筒内膨润土颗粒接触，难以有效进入储层内部，难以有效与储层内部的黏土（膨润土层状结构）结合，尚未研发出可与所有黏土活性位点相结合的抑制剂。国内外学者虽然提出了屏蔽抑制型防塌液的制备方法，但其制造成本较高，需优先对防塌液内部的膨润土进行包裹，防止其与抑制剂结合。

（2）从阻断水分子传递通道的角度，封堵剂可以有效地对页岩传输孔道进行填充，阻止后续水分进入页岩储层内部，如图 1-6 所示。但封堵颗粒的充填堆积需要一定的时间，通常在其构成有效段塞段之前，会渗入一部分水分，引起黏土水化。另一方面，封堵剂无法充填孔径小于其自身的孔隙，封堵主要依靠其自身物理性质。实际上，页岩表面及其内部存在大量的微裂纹，水分子仍可侵入，并诱导裂纹发育。

（3）成膜隔离页岩孔隙是一种有效的方式，如图 1-7 所示。通过在页岩表面及其内部孔隙快速成膜，依靠分子间相互作用及特殊的成膜结构，在页岩界面及其内部快速形成隔离性外膜与内膜，达到彻底疏水阻水的目的，从而有效遏制页岩内部微裂纹发育，有效保证页岩的结构强度。

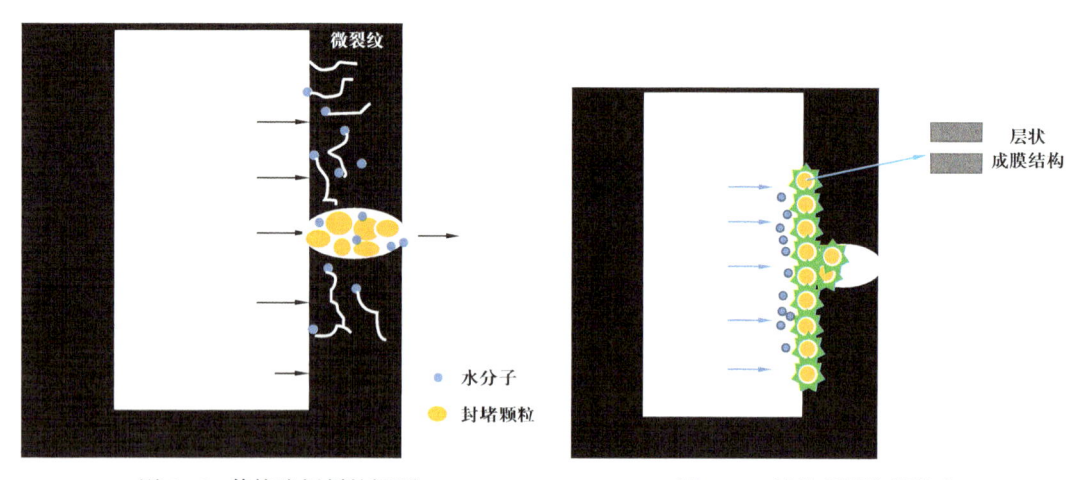

图 1-6　传统防塌剂的问题　　　　图 1-7　层状成膜防塌技术

目前，以石墨烯为主要成膜材料的研究具备较强的成膜防塌性，这是因为石墨烯具有天然的层结构特征，是天然的成膜的"栅栏"，但石墨烯成本过于高昂。因此，如何构建一种经济适用的层结构进行成膜，是当前成膜防塌技术的重要挑战。

第三节　主要内容和技术路线

一、主要研究内容

本书的研究主要是建立在膨润土的层状结构的基础上，根据其天然的二维结构与其表面的活性位点、羟基基团，构建复合型热响应锁水结构，以防止水分子侵入页岩，保证页岩的稳定性。本书的主要研究内容如下：

（1）基于"插层结构"的思路，设计了以热响应小分子插层天然膨润土层状结构的插层型热响应膨润土。根据天然膨润土表面的晶体结构缺陷与表面羟基，采用富含伯胺基团的 NIPAM 进行有效穿插，水溶条件下制备原位插层复合型结构，依靠质子化的伯胺基团与膨润土层状结构形成氢键吸附与离子交换。采用分子模拟与吸附动力学研究膨润土与 NIPAM 分子间的相互作用，研究层内 NIPAM 聚集体的热响应行为。

（2）根据地层高温条件要求，开发高温热响应自锁型膨润土。结合插层思路与分子成膜思路制备自锁型膨润土。参考智能型金属二维结构材料，对天然膨润土二维结构进行表面功能修饰，采用可控原子转移自由基聚合法（ATRP），以形成功能自锁结构。采用了 SEM、XRD、FTIR、热重等表征手段对其结构进行了探究，进行相关的工程评价实验（如：高温滤失实验、高温高压动态滤失实验、高温高压流变实验）对热响应膨润土的高温防塌性进行评价。同时，本书还将研究其与页岩间的相互作用，从页岩力学稳定性角度，对热响应自锁膨润土的防护效果进行定量评价。

（3）对纳米膨润土进行有效切割，得到小尺度的低维纳米膨润土，并构建自锁结构，形成更致密的纳米保护内膜。配制纳米自锁膨润土基浆，并采用压力传递实验，与油田常用高性能封堵防塌剂阳离子乳化沥青、纳米二氧化硅，油田常用抑制防塌剂超支化聚乙二胺（PEI）、乙二胺进行对比，评价纳米自锁膨润土的防塌封堵性。采用扫描电子显微镜，剖析相互作用后的页岩结构损伤。

（4）从页岩水化角度评价热响应膨润土防塌液对页岩的防塌作用，利用低场核磁共振（即 LFNMR 技术），对相互作用后的页岩进行水化状态表征，对比研究不同热响应膨润土成膜剂对页岩水化的影响。

（5）采用坍塌模拟系统对作用后的页岩进行坍塌行为分析，对比研究热响应膨润土的防塌性。基于坍塌力学曲线，建立页岩的坍塌力学损伤模型，提出页岩坍塌评价准则。采用 Abaqus 数值模拟建立页岩水化坍塌的数值模型，对作用后的页岩进行数值模拟还原，表征其坍塌结构损伤特征及分布。

（6）制备热响应膨润土成膜钻井液，并与国内外高性能抗高温防塌性钻井液进行对比，对比评价其抗温性、抗盐性、长效性、抗污染性、工程成本等指标，判断工程适用性及应用前景。

二、技术路线

针对上述研究内容，本书讨论的技术路线如图 1-8 所示。

首先根据膨润土的层状成膜结构，采用插层或结构生长制备热响应膨润土成膜剂，利用 XRD、SEM、热重等手段对其结构进行表征；采用高温高压流变仪、高温高压滤失仪、高温高压线性膨胀仪等工程性评价仪器对其热响应成膜性及防塌性进行评价；联合工程用低场核磁共振仪与三维坍塌分析系统探讨热响应膨润土成膜剂对页岩水化坍塌的影响及工程可行性；提供热响应成膜工作液，进行抗温性、抗盐性、毒性、成本等工程性评价。

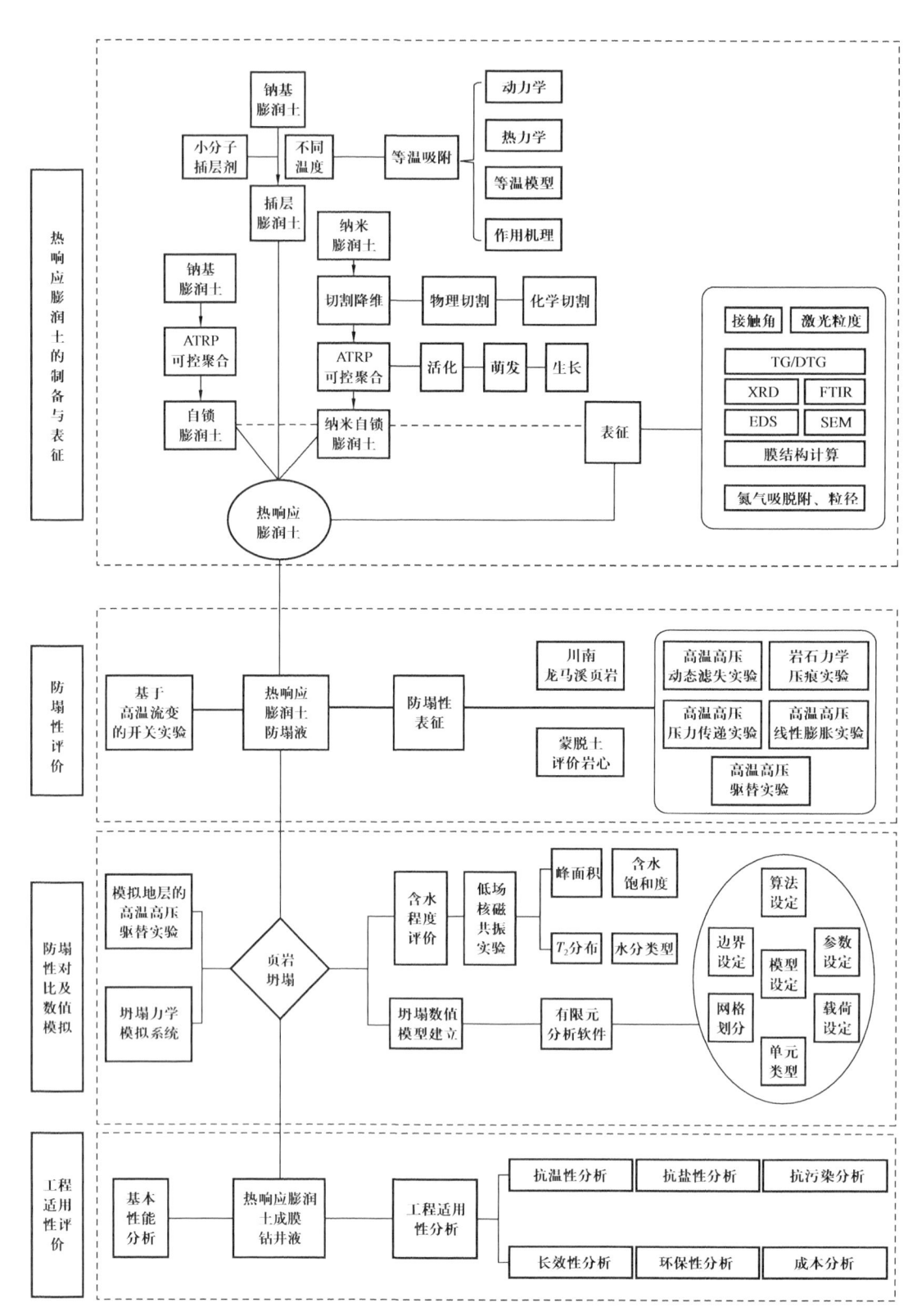

图 1-8 技术路线图

三、创新点

（1）本书针对国内外研究现状及技术挑战，提出了成膜剂的层状结构设计与思路，构建以膨润土的"卡片式"结构为主的成膜结构单元，表面缔生功能性分子臂，形成双重保护机制。

（2）首次在天然膨润土层结构表面生长或层内插入热响应型功能响应性自锁结构，可在高温环境下自发地隔水疏水成膜，阻止水分子与水敏性页岩接触，遏制页岩的水化坍塌。

（3）为了有效评估热响应膨润土的工程适用性，提出了评价页岩水化坍塌的思路，构建"低场核磁共振＋三维坍塌准则"的评价方法，可从微观与宏观的角度评价热响应膨润土防塌液对页岩水化坍塌的影响。

第二章 插层型热响应膨润土成膜理论与防塌技术

上一章主要根据国内外防塌技术的研究现状，建立热响应膨润土的设计思路与技术方案，本章详细介绍插层热响应膨润土的研制及其防塌性能。

第一节 插层热响应膨润土的设计

一、热响应材料基团

为了应对高温易水化坍塌地层，本章尝试将膨润土与热响应性分子相结合，以制备热响应膨润土。国内外报道了大量具有热响应行为的单体及聚集体。其中，大部分热响应研究均以 N-异丙基丙烯酰胺（NIPAM）作为热响应材料基团，NIPAM 的结构如图 2-1 所示。

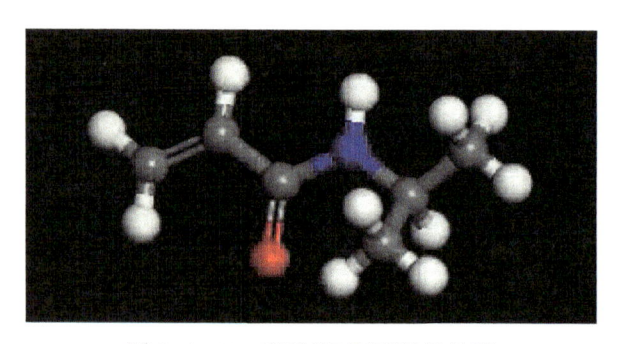

图 2-1 N-异丙基丙烯酰胺结构图

N-异丙基丙烯酰胺是一种双亲性结构，由烷基链作为疏水端，而以酰胺基团为主的侧链则为亲水段，酰胺与酰胺基团在高温下易形成氢键缔合。

二、聚集体科学

聚集体（Aggregate），作为一群相互作用的分子的集合，常常表现出与其分子单元大相径庭的性质和功能。唐本忠院士发现的聚集诱导发光（Aggregation-induced emission，AIE）是一个典型的分子与聚集体具有显著不同性质的现象，单分子自由状态下不能发光的 AIE 材料在聚集后可以强烈地发光。基于此，唐本忠院士从第一性原理出发大胆提出了聚集体科学（Aggregate Science）这一概念。近年来，聚集体科学已然成为一个飞速发展的跨学科领域，在过去的 20 年里，不论是光物理、量子化学等基础科学，还是有机光电材料、生物医学应用等实用技术，聚集体科学都得到了充分的研究和开发。

三、NIPAM 聚集体

为了有效设计插层热响应膨润土，采用分子模拟软件，模拟 50℃温度下 NIPAM 分子的聚集体，如图 2-2 所示。在分子热动力的驱动下，NIPAM 单体向内聚集，内核以亲水基团为主，而外部主要呈现疏水性的烷基基团。

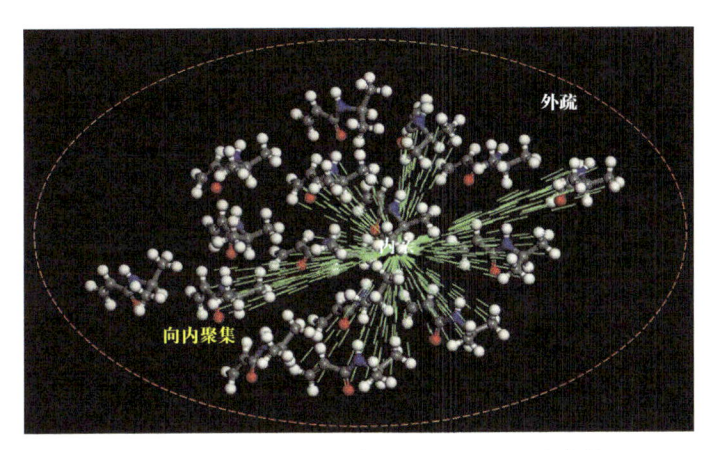

图 2-2 分子模拟 50℃条件下的 NIPAM 聚集体

基于此，Klouda 等介绍了一种热响应聚集体在生物医药领域的应用，如图 2-3 所示。

以 N-异丙基丙烯酰胺为热响应基团聚集烷烃，构建了双亲型水凝胶，形成了一种内疏外亲的星形药物包裹结构。当温度升高达到热响应分子链的刺激响应温度时，外部热响应分子链段间产生氢键热缔合作用，分子链向内卷曲，星形包裹结构崩塌，从而达到有效释放药物的目的。但该水凝胶的刺激响应温度窗口为 30~50℃。

四、构建空间位阻

继而，可人为地构建空间位阻，阻碍 NIPAM 单体间的聚集，如图 2-4 所示。

通过在聚集体间引入空间位阻，从而提高聚集体进一步聚集的空间难度，提高分子热运动聚集所需能量，致使响应温度进一步提高。

Gao 等以 NIPAM 为热响应基因，掺杂网状结构的环糊精和层状结构的氧化石墨，该复合工程材料（PNIPAM）具备快速的刺激热响应行为、自修复行为及优异的力学性能，如图 2-5 所示。

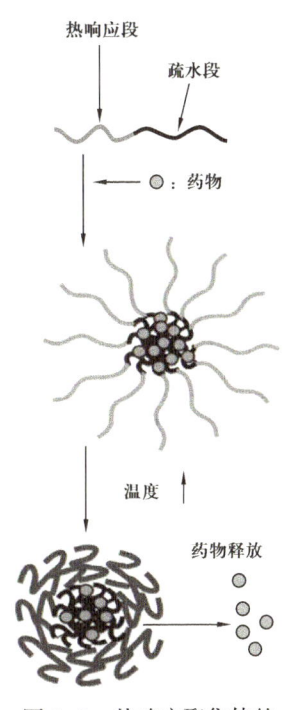

图 2-3 热响应聚集体的药物释放机理

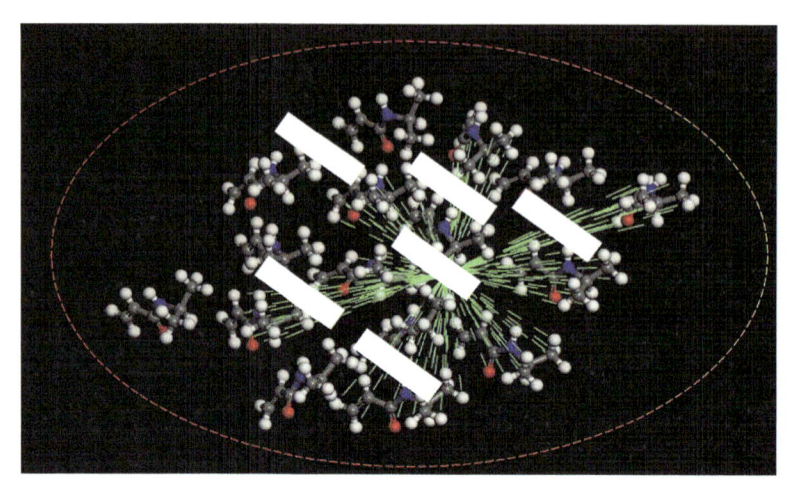

图 2-4 空间位阻构造示意图

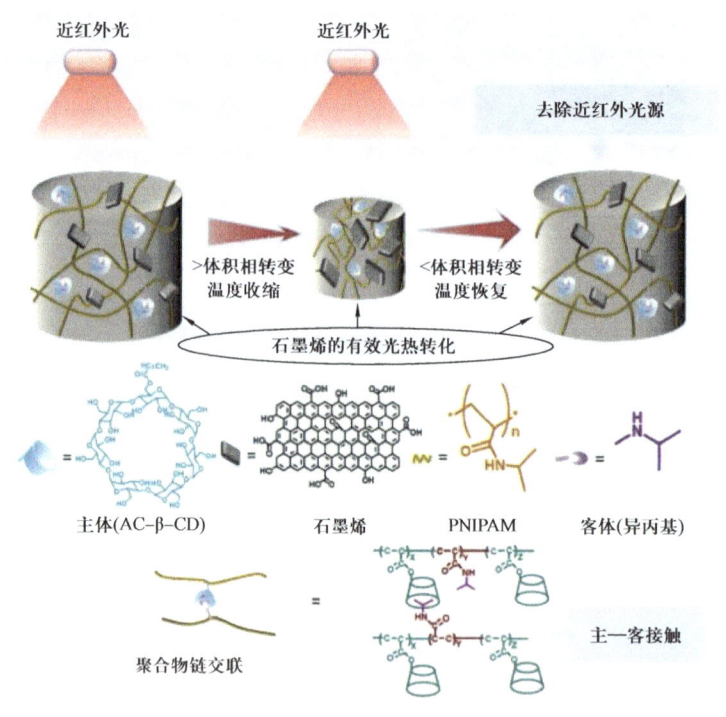

图 2-5 参杂环糊精与氧化石墨的 NIPAM 热响应复合物

当温度大于体积相变温度（VPTT）时，该复合型多维结构将疏水收缩，结构强度提高，小于 VPTT 时，重新恢复结构体积，恢复弹性行为。Gao 等的研究证实 VPTT 可进一步地通过调节环糊精和石墨烯含量来进行控制。这主要是因为环糊精与石墨的加入有效增加 PNIPAM 缔合的空间位阻，从而提高了 PNIPAM 固有的热响应温度区间。

因此，本章主要通过"分子插层法"在膨润土的层结构中插入热响应性 N- 异丙基内烯酰胺（NIPAM）聚集体，其设计效果如图 2-6 所示。

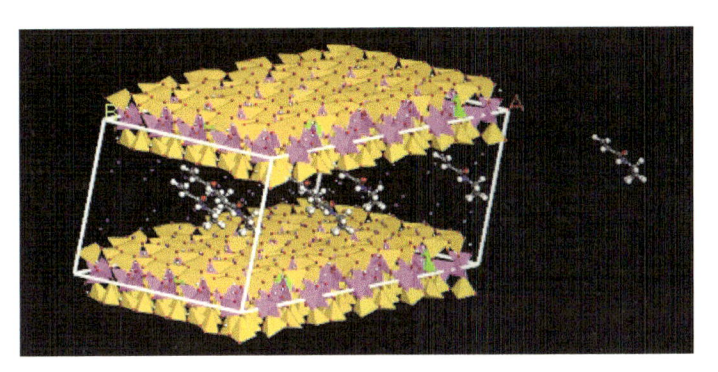

图 2-6　插层热响应膨润土示意图

以膨润土的天然层状结构作为空间位阻，中间插入 NIPAM 分子，以构造适用于高温环境的插层型热响应膨润土。通过 X 射线衍射、傅里叶红外、等温吸附等方法研究了膨润土与 NIPAM 间相互作用随温度的变化；结合环境扫描电子显微镜、膜表面亲疏水性分析仪及其他高温评价手段评价插层膨润土的高温成膜防塌性。

第二节　插层热响应膨润土的制备及表征

一、制备原理

根据膨润土的天然层间结构，提出制备插层型热响应膨润土，其制备原理如图 2-7 所示。膨润土颗粒主要由层状蒙皂石片层组成，通过在其内部插入热响应官能团、单体或低分子量聚集体，从而利用温度调控层间结构。本节拟以热响应基团 N-异丙基丙烯酰胺为小分子插层剂，构建层间热响应网络，利用温度调控层间空隙结构与层状结构的亲疏水性。

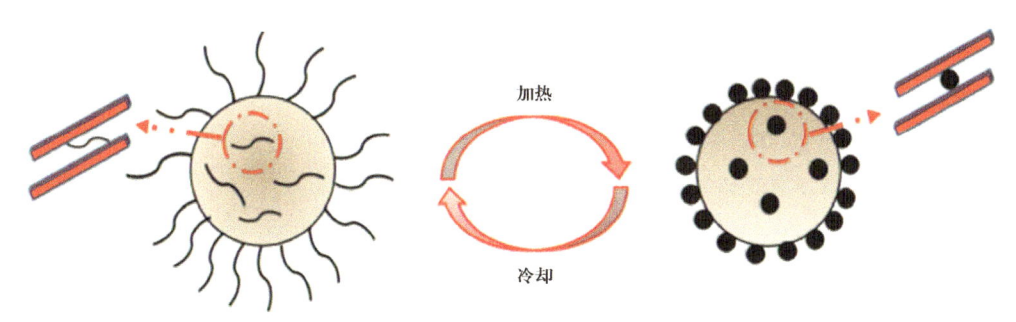

图 2-7　插层型热响应膨润土的制备原理

二、合成实验

1. 实验仪器及设备

实验仪器及设备见表 2-1，主要包括：ABS/ABJ 型分析天平（德国 KERN 公司）；

HH-4型数显恒温油浴锅（常州丹瑞实验仪器设备公司）；DF-101S型集热式磁力搅拌器（陕西太康生物科技公司）；MS3000型激光粒度仪（英国马尔文公司）；WQF-520型傅里叶红外光谱仪（赛默飞世尔科技公司）；KQ2200E型数控超声清洗器（昆山市超声仪器公司）；X'Pert PRO MPD型X射线衍射仪（荷兰帕纳科公司）；Quanta 450型环境扫描电子显微镜（美国FEI公司）；PDE 1700LL/DSA100型表面张力测量仪（德国KRUSS公司）；UV-1750型紫外分光光度仪（上海元析分析有限公司）；TCH-PPA型高温高压滤失仪（青岛同春石油仪器公司）。

表2-1 主要仪器一览表

仪器	型号	生产厂家
分析天平	ABS/ABJ	德国KERN公司
数显恒温油浴锅	HH-4	常州丹瑞实验仪器设备公司
集热式磁力搅拌器	DF-101S	陕西太康生物科技公司
激光粒度仪	MS3000	英国马尔文公司
傅里叶红外光谱仪	WQF-520	赛默飞世尔科技公司
数控超声清洗器	KQ2200E	昆山市超声仪器公司
X射线衍射仪	X'Pert PRO MPD	荷兰帕纳科公司
环境扫描电子显微镜	Quanta 450	美国FEI公司
表面张力测量仪	PDE 1700LL/DSA100	德国KRUSS公司
紫外分光光度仪	UV-1750	上海元析分析有限公司
高温高压滤失仪	TCH-PPA	青岛同春石油仪器公司

2. 制备步骤

膨润土主要由层状蒙皂石结构构成，蒙皂石晶胞的表面与端面通常富含羟基官能团，易与插层剂活性官能团构成氢键结合作用。基于此，NIPAM和膨润土的插层复合物容易被制备。首先，将膨润土置于150℃的烘干箱中干燥24h，之后将4g膨润土导入100mL的NIPAM水溶液（NIPAM的质量分数为3%），30℃条件下恒温搅拌24h，目的是使NIPAM单体与膨润土充分作用。

之后，将混合液以6000r/min离心5min，之后收集残余的湿态膨润土，并用蒸馏水反复清洗离心3次以上，以确保被吸附的NIPAM单体均与膨润土层状结构紧密结合。最后，将脱水的膨润土进一步置于80℃干燥箱中干燥24h，以去除大部分吸附水，并用粉末研磨机将所得插层型膨润土进一步研磨至200目，以备后续结构表征与防塌液配制。

三、不同温度条件下的插层膨润土的结构表征结果

1. 不同温度条件下的 FTIR 分析结果

采用不同的干燥温度（50～120℃）对制备的插层膨润土（GB-bent）进行干燥，干燥时间为24h。之后，实验通过傅里叶变换红外波谱仪（图2-8）对GB-bent的结构进行分析，波谱扫描范围为500～4000cm^{-1}，扫描次数为32次。测试过程中样品采用溴化钾（KBr）压片法制备。

图2-8　傅里叶红外波谱仪

不同温度作用后的插层型热响应膨润土的傅里叶红外（FTIR）图谱如图2-9所示。其中，661cm^{-1}处吸收峰为膨润土中吸附水分子的振动摇摆峰，783cm^{-1}与1041cm^{-1}处的峰则分别代表蒙皂石晶胞中Si-O-Si的对称与反对称伸缩振动峰。

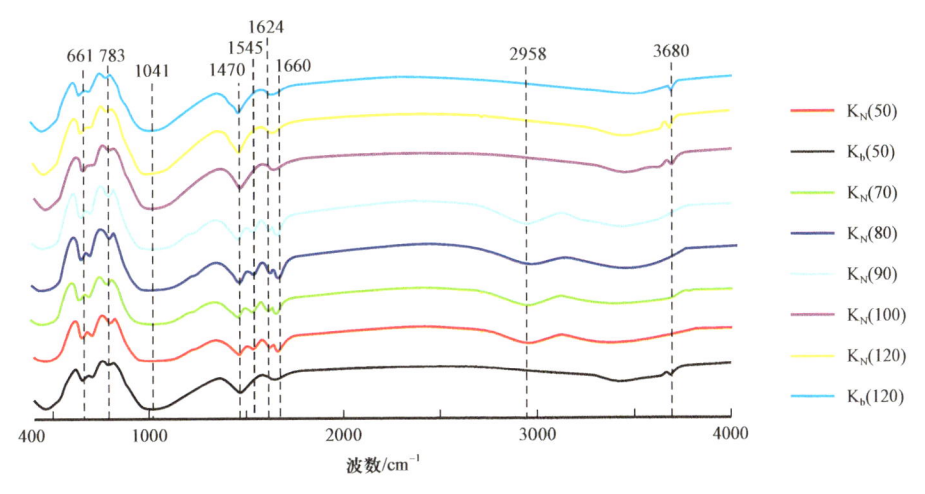

图2-9　不同温度条件下的热响应膨润土与天然膨润土 FTIR 分析
$K_b(x)$代表天然膨润土；$K_N(x)$代表插层型热响应膨润土；x为膨润土的干燥温度

此外，1660cm^{-1}处的吸收峰则与酰胺基团上羰基C=O键的伸缩振动有关。而在1624cm^{-1}处的吸收峰则为羟基C=C双键的共轭伸缩振动峰，1545cm^{-1}处的吸收峰则为亚酰胺N—H键的变形振动，2958cm^{-1}处宽泛的吸收峰则代表烷基基团C—H键的伸缩振动，均为N-异丙基丙烯酰胺的特征官能团表征。

另外，3680cm^{-1}处尖锐的吸收峰则归属于膨润土表面羟基的伸缩振动。因此，上述结果表明热响应NIPAM单体已有效插入膨润土晶体结构中。

进一步地讨论NIPAM在膨润土晶体结构中的热稳定性。从K_N（50）到K_N（90）红外光谱曲线可以看出，插入的NIPAM分子与膨润土结合作用较强，在真空（0MPa）90℃干燥后，热响应膨润土的红外分析仍可见NIPAM功能官能团的振动吸收峰，这表明一部分插层NIPAM单体可能与蒙皂石层结构表面羟基基团构建了氢键作用。

2. 不同温度条件下的XRD分析结果

目前XRD晶体分析技术已广泛应用于矿物学和电子学领域的研究。X射线衍射法的小角度模式可以对插层膨润土的d001层结构间距进行剖析。X射线衍射（X-Ray Diffraction，XRD）是基于X射线在晶体表面的衍射，获取晶体内部结构、成分及内部原子排序等信息的有效分析手段。基于测得的XRD图谱，能够有效读取晶层间距，判断晶体生长情况。

研究实验采用帕纳科公司（阿姆斯特丹，荷兰）的X'Pert PRO MPD衍射仪（图2-10）对晶体结构进行表征。测试参数为扫描角度范围3°～15°，扫描速度5°/min，放射性粒子为Cu靶（$\lambda=0.15406$nm），仪器最大允许电压为60kV。

图2-10 实验所用X射线衍射仪

正如上文所述，NIPAM 单体可以有效与膨润土结构相结合。进一步探讨插层后的膨润土层状结构层间距随温度的变化，如图 2-11 所示。

(a) 不同温度干燥后的水化天然膨润土与插层后膨润土的XRD谱图

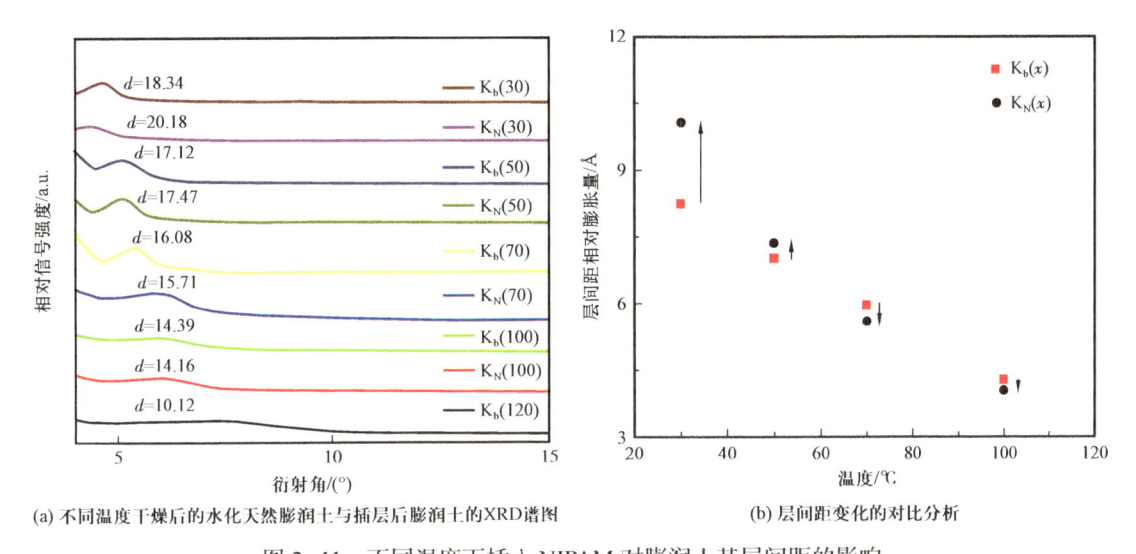

(b) 层间距变化的对比分析

图 2-11　不同温度下插入 NIPAM 对膨润土基层间距的影响

$K_b(x)$ 为水化天然膨润土的 XRD 曲线，x 为 XRD 分析前样品的干燥温度；$K_N(x)$ 为插层后的膨润土的 XRD 曲线；图 2-11（b）中层间距膨胀量以 120℃ 条件干燥膨润土的基层间距为基础；向上的箭头代表层间距较同等实验条件下的天然膨润土层间距增加；向下的箭头代表层间距较同等实验条件的天然膨润土层间距减小

实验通过小角度衍射描述了插层型热响应膨润土层结构第一层晶层间距 d001 随温度的变化。通过对比 $K_b(30)$ 和 $K_N(30)$ 曲线，NIPAM 插层后，基层间距由 18.34Å 增长至 20.18Å，层间膨胀量约为 2Å。因此，插入的 NIPAM 单体为柔性分子，其层间的插入形态应属于"平躺式"，但其并不能像抑制剂一般有效挤压出层间水分子，因其不具备足够的疏水性碳链。

随着实验温度达到 50℃，对比 $K_b(30)$ 与 $K_b(50)$，可以看到基层间距减小 1.22Å，这可能是由于层内部分水分运动加剧并逸出层间。但对比 $K_b(50)$ 与 $K_N(50)$，该基层间距膨胀量仍远大于天然膨润土的基层间距。这个现象说明层间仍存在大量的吸附水，也说明层内插入的 NIPAM 单体并未形成疏水性缔合结构。

另外，研究中发现当温度上升到 70℃，插层后的膨润土基层层间距首次小于天然水化膨润土的基层间距。这一现象说明层间插入的 NIPAM 单体由于热运动加剧，开始突破空间位阻，彼此之间形成了有效的疏水性缔合结构，从而排挤出部分层间水分子。

然而，随着温度进一步升高，对比 $K_b(100)$ 与 $K_N(100)$，插层后的膨润土 d001 间距却接近于天然膨润土的 d001 间距，这可能是由于部分层间 NIPAM 单体热运动进一步加剧，逃逸出层间。进一步地升高实验温度，根据 $K_b(120)$ 曲线可以看到层间距进一步减小至 10.12Å，该层间距与天然膨润土的层间距相一致，表明层内 NIPAM 基本脱离层间结构，该结果与 FTIR 结构表征结果相符。

-17-

3. 不同温度条件下的等温吸附分析结果

先研究配备多组不同初始浓度的 NIPAM 水溶液，浓度范围为 5~45mg/L；之后取 0.1g 干燥的膨润土（150℃，24h），分别加入已配备的 10mL 的不同浓度 NIPAM 水溶液，并分别进行 30℃，70℃，90℃的等温吸附实验。

待等温吸附 24h 之后，利用紫外荧光分光光度仪（上海元析分析有限公司）测量 NIPAM 残余液的浓度。具体方法为：3.5mL 残余液被提取入干燥的分析瓶中，采用光度仪测量液体的吸光度，扫描波长范围为 320~400nm，标定残余液的 NIPAM 含量。

而膨润土对 NIPAM 的平衡吸附量则基于 N 元素含量分析进行确定，实验采用的 Var10EL-III 元素分析仪（Elementar，Levokusen，德国）对吸附后的膨润土进行燃烧，通过释放的二氧化氮气体质量得到试样中的氮元素含量。

等温吸附是分析物质之间相互作用的有效手段，通过对吸附行为进行模型拟合可以判断吸附的类型，甚至判断吸附过程是否涉及化学作用；可利用等温吸附曲线研究吸附载体的最大吸附量及吸附本质；根据等温吸附曲线，可以拟合最接近吸附体系的吸附模型，同时基于拟合的吸附参数能够揭示影响吸附机理的重要吸附参数。

如图 2-12 所示，S 形吸附曲线揭示了三种不同特性的动态吸附阶段。在 S 形吸附的起始阶段，吸附量缓慢地增长，该阶段样品对 NIPAM 的吸附主要源于层状结构孔隙的毛孔吸附作用及与膨润土结合水间的范德华分子间作用力。随着 NIPAM 浓度的增加，NIPAM 单体与膨润土颗粒间的接触概率增加，吸附曲线逐渐呈现出指数型的增长态势，在层间已堆积活性吸附单体的基础上物理吸附转换为化学吸附。而当吸附浓度大于 40mg/L，单体吸附量达到最大值，达到吸附平衡。

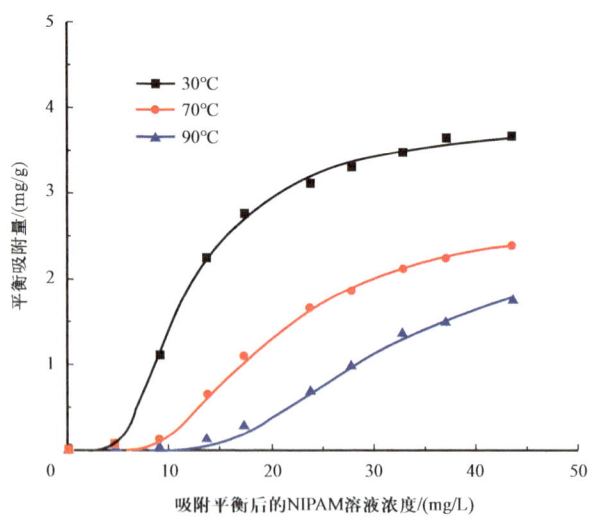

图 2-12 膨润土吸附 NIPAM 的等温曲线

不同吸附温度的实验条件下，单位膨润土的NIPAM吸附量则明显不同。在低温条件（＜LCST，LCST为低临界溶解温度）下，随着此实验NIPAM水溶液浓度增加，单位膨润土的NIPAM吸附量可逐渐增长至2.76mg/g。然而，当温度超过NIPAM单体的相变温度，NIPAM的单体吸附量则显著减少。由70℃及90℃的实验等温吸附曲线，单位膨润土的最大吸附量分别减少27.06%与47.89%，可能是由于吸附的NIPAM单体高温下团聚，堵塞吸附通道，抑制了后续吸附进程的发展造成的。

为了进一步研究膨润土与热响应插层剂NIPAM间的相互作用，实验分析中先后用Langmuir，Freundlich，Temkin及Dubinin–Raduskevich（以下简称D–R）等温方程进行拟合。上述等温吸附公式如下：

Langmuir模型：

$$\frac{C_e}{q_e} = \frac{C_e}{q_m} + \frac{1}{q_m b} \tag{2-1}$$

Freundlich模型：

$$\ln q_e = \ln K_F + \frac{1}{n}\ln C_e \tag{2-2}$$

Temkin模型：

$$q_e = B\ln A + B\ln C_e \tag{2-3}$$

D–R模型：

$$\ln q_e = \ln q_m - B_1 \Sigma^2 \tag{2-4}$$

$$\Sigma = RT\ln(1+1/C_e),\ E = \frac{1}{\sqrt{2B_1}} \tag{2-5}$$

式中　C_e——NIPAM水溶液的平衡吸附浓度，mg/L；

b——Langmuir吸附参数，L/mg；

q_e——样品的平衡吸附量，mg/g；

q_m——试样的理论最大吸附量，mg/g；

K_F——Freundlich等温吸附常数，主要与试样的吸附性有关；

n——Freundlich等温吸附常数，主要与试样的吸附性有关；

A——平衡结合常数，L/mg；

B——吸附热表征参数，与单位摩尔吸附质的平均自由能有关，$(mol/kJ)^2$；

B_1——D–R模型参数，与单位摩尔吸附质的平均自由能有关，$(mol/kJ)^2$；

Σ——Polanyi势能，kJ/mol；

E——平均吸附自由能，kJ/mol。

上述吸附模型参数的拟合结果见表 2-2。实验结果表明，D-R 吸附模型可以更准确地描述膨润土与 NIPAM 插层剂间的相互作用，不同温度下（30℃，70℃，90℃）的拟合计算的相关系数均大于 0.99，分别为 0.9988，0.9977 及 0.9929。

D-R 吸附模型主要描述吸附载体表面非均质且吸附势能可变的热力学动力吸附过程。根据 D-R 吸附模型，可以从计算得到的吸附自由能，揭示吸附质与载体间的相互作用类型。基于平均自由能 E 的大小，判定是否涉及物理与化学吸附。

如果平均自由能 E 小于 8kJ/mol，则表明吸附载体膨润土与插层剂间的相互作用为物理吸附，主要涉及微观毛孔吸附力及范德华分子间作用力；若计算的自由能 E 处于 8～16kJ/mol 之间，则将涉及离子交换为引发的吸附作用；最后，若计算自由能大于 16kJ/mol，那么两者间的吸附作用将涉及化学吸附。

根据表 2-2 所示，不同温度下的吸附自由能分别为 17.62kJ/mol，17.13kJ/mol 及 16.82kJ/mol，略大于上述临界自由能。因此，膨润土与 NIPAM 间的吸附作用涉及化学吸附，这一研究结果与 FTIR 表征相一致，说明部分 NIPAM 被化学固载在膨润土结构的活性位点上。这主要是由于 NIPAM 的伯胺基团易与蒙皂石表面羟基构成氢键，同时由于蒙皂石自身缺陷，质子化伯胺基团可有效弥补结构负电性，与蒙皂石晶体形成水合结合体。

表 2-2 膨润土吸附 NIPAM 的等温吸附模型及相应参数

吸附模型	参数	T/℃		
		30	70	90
Langmuir	q_m/（mg/g）	3.673	2.679	1.914
	b/（L/mg）	0.119	0.053	0.040
	R^2	0.6949	0.7218	0.6143
Freundlich	n/（g/L）	0.620	0.537	0.596
	K_F/（L/mg）	0.0113	0.0027	0.0034
	R^2	0.4804	0.7910	0.9741
Temkin	B/（mol/kJ）^{2}	1.710	0.496	0.421
	A/（L/mg）	0.238	0.799	0.386
	R^2	0.9764	0.6900	0.6391
D-R	q_m/（mg/g）	3.850	2.831	2.787
	B_1/（mol/kJ）^{2}	0.00161	0.00170	0.00177
	E/（kJ/mol）	17.62	17.13	16.82
	R^2	0.9988	0.9977	0.9929

第三节　插层热响应膨润土的性能

一、插层型膨润土的热响应性

取插层后的膨润土重新分散于蒸馏水中，配备质量分数为 4% 的热响应膨润土浆；继而加入少量的过硫酸钾（KPS），过硫酸钾含量为 0.025%，分别在不同温度条件进行恒温搅拌 30min；之后，提取 2mL 的激活后的热响应膨润土浆加入干燥的分析瓶中，采用 UV-1750 紫外分光光度仪分析透光率的变化，从而判断土浆是否产生相转变。

最后，提取 30mL 激发后的热响应土浆加入激光粒度仪的搅拌釜中，进行颗粒粒径剖析，以进一步验证热响应膨润土颗粒的热响应行为。

1. 刺激响应前后的透光性变化

由上述研究可知，单独插入 NIPAM 单体的膨润土的热响应行为并不显著，这主要是由于空间位阻较大，NIPAM 单体间无法形成有效的缔合作用。因此，本节将引入少量的引发剂过硫酸钾（KPS）促使层间 NIPAM 的自由基原位聚集。利用 KPS 加速层间结构中游离自由基在高温条件下（>LCST）的运动，使得层间更易形成显著的聚集体。

透光率变化分析是判断是否发生疏水聚集的有效手段之一。本节采用近红外散射仪分析含插层膨润土的 KPS 水溶液（KPS 含量为 0.02%）透光率随温度的变化。不同温度下含不同量的插层膨润土的水溶液的透光率变化如图 2-13 所示。

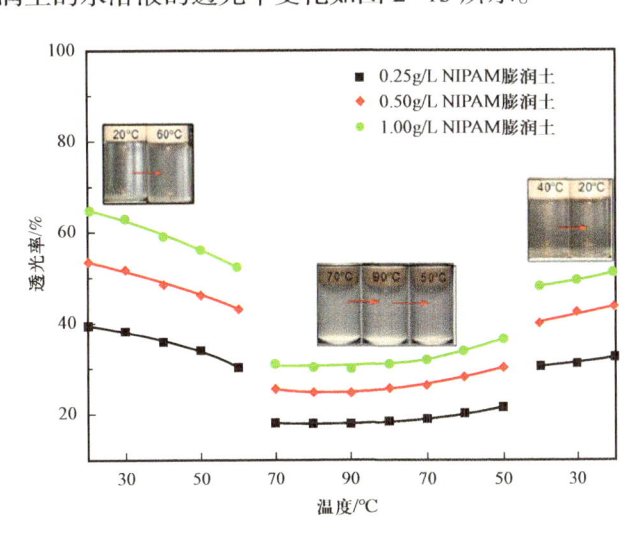

图 2-13　不同温度下插层膨润土在 KPS 水溶液中的透光率变化

本实验主要是通过调控温度分析液体刺激响应前后透光率变化及其响应行为的敏感性。首先，实验研究了常温（20℃）到 90℃ 的液体的透光率的变化，从图 2-13 中可以看出随着温度逐渐升高，液体的透光率逐渐降低。但当温度接近于60~70℃时，液体的透光性发生根本性逆转，三组试样的透光率均降低约50%，这可能是因为温度达到了层间NIPAM单体有效聚合的开关温度，从而与膨润土共同构成疏水性杂化颗粒，使得液体的浊度增加。除此之外，随着温度进一步升高至沸点附近（90℃），测得液体的透光率无明显变化，说明了液体的刺激响应行为具有高温稳定性。

进一步，此实验降低实验温度，继续研究了刺激响应后液体的逆转行为。从图2-13中可以看出，实验进一步降低环境温度至50℃，测得透光率随温度降低而缓慢升高。这说明响应后的插层膨润土的亲水性提高，这可能是因为层间NIPAM聚集体的水溶性逐渐被恢复。特别是当降低环境温度至40~50℃时，液体的透光率显著提高，并基本恢复至热响应前的透光水平。

上述实验分析结果说明，插层后的膨润土具备显著的刺激响应行为，高温响应区间为60~70℃，低温逆转区间为40~50℃。

2. 刺激响应前后的 FTIR 变化

基于上述透光率分析，实验进一步取90℃条件下的含插层膨润土的液体进行红外分析，以研究刺激响应后膨润土的结构成分变化。

刺激响应后的插层膨润土的傅里叶红外光谱图如图2-14所示。

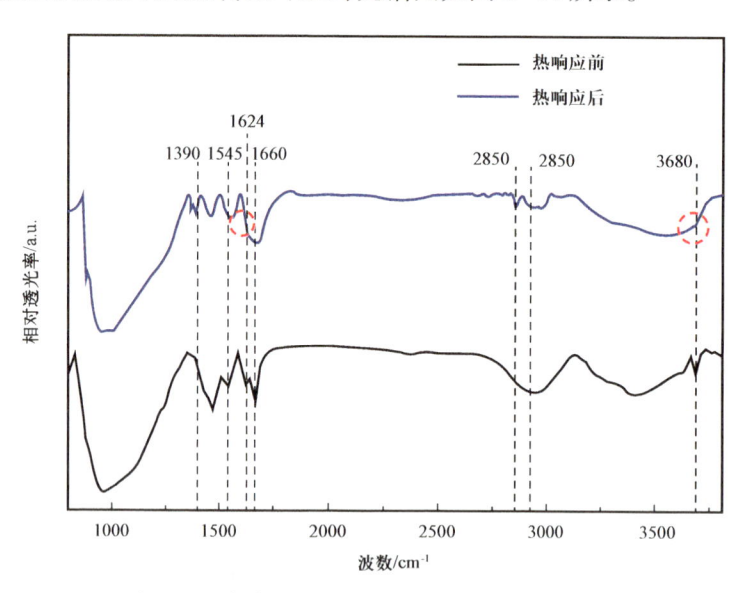

图2-14 刺激响应前后插层膨润土的 FTIR 谱图

与刺激响应前的插层膨润土相比，酰胺的 C=O 键的吸收峰面积显著增加，说明单位质量试样中酰胺比例上升，这与 NIPAM 的聚合行为相符。

除此之外，红外结构分析未见烃基的特征基团 C=C 键，新出现的 2850cm^{-1}，1390cm^{-1}，2920cm^{-1} 处的吸收峰则分别代表—CH$_2$ 的摇摆振动峰，对称与反对称伸缩振动峰，均与

NIPAM 的聚合行为相符。

上述结果分析表明刺激热响应前后，插层膨润土液体透光率变化的根本原因是插层膨润土内的 NIPAM 单体间构建了有效聚合。

3. 刺激响应前后的 XRD 变化

为了进一步探讨插层膨润土的刺激热响应行为对膨润土结构的影响，实验利用 X 射线衍射仪对比研究热响应前后插层膨润土的层间距变化，如图 2-15 所示。

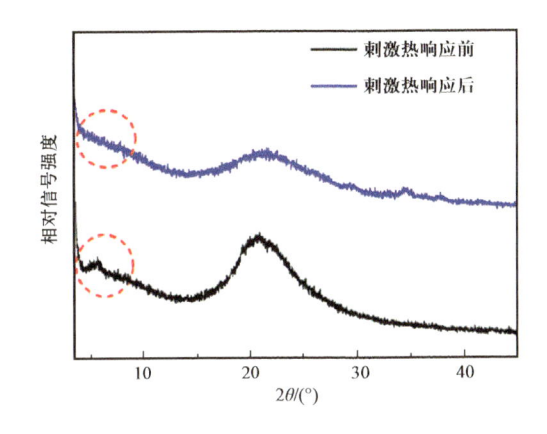

图 2-15 刺激响应前后插层膨润土的 XRD 谱图

从图 2-15 中刺激响应前的插层膨润土的 XRD 谱图可以看出，插层膨润土的层间距为 15.4 Å，但峰面积较小，说明部分层结构被剥离，这可能与长时间的水化作用有关。

特别需要说明的是，刺激响应后的插层膨润土的层结构分析中，未见 001 特征峰，该结果表明插层膨润土层间结构被彻底剥离，这恰恰验证了 NIPAM 的层间聚合行为，致使原始层间崩塌。

4. 刺激响应前后的粒径变化

为了研究插层膨润土的热响应行为稳定性及其粒径变化，实验配制了三份相同的 350mL 的含插层膨润土的浆液（插层膨润土含量为 0.25g/L，KPS 含量为 0.01g/L），之后分别置于滚子炉的高温高压釜体内，标号为 A1、A2 及 A3。A1 实验过程为常温（20℃）下热滚 24h，A2 与 A3 实验过程均为 70℃条件下热滚 12h，但不同的是，A3 热滚后恒温 40℃冷却 12h，再测验颗粒粒径。颗粒粒径分析过程为，将实验后釜体内液体迅速倒入颗粒粒径的液体分析釜体内，使待测样品均匀地展现于激光束中，基于颗粒的衍射或散射光的空间分布来分析颗粒大小，测得粒径分布及对应的分子模拟结果如图 2-16 所示。

由图 2-16 可以看出，刺激热响应前颗粒粒径分布为单峰型分布，集中分布于 26.85μm 附近，刺激响应后的粒径分布则为双峰型分布，平均粒径为 39.42μm。这个实验结果再次验证了层内 NIPAM 的聚合行为，通过刺激响应温度，颗粒间有效聚合，致使原有颗粒粒径增大。

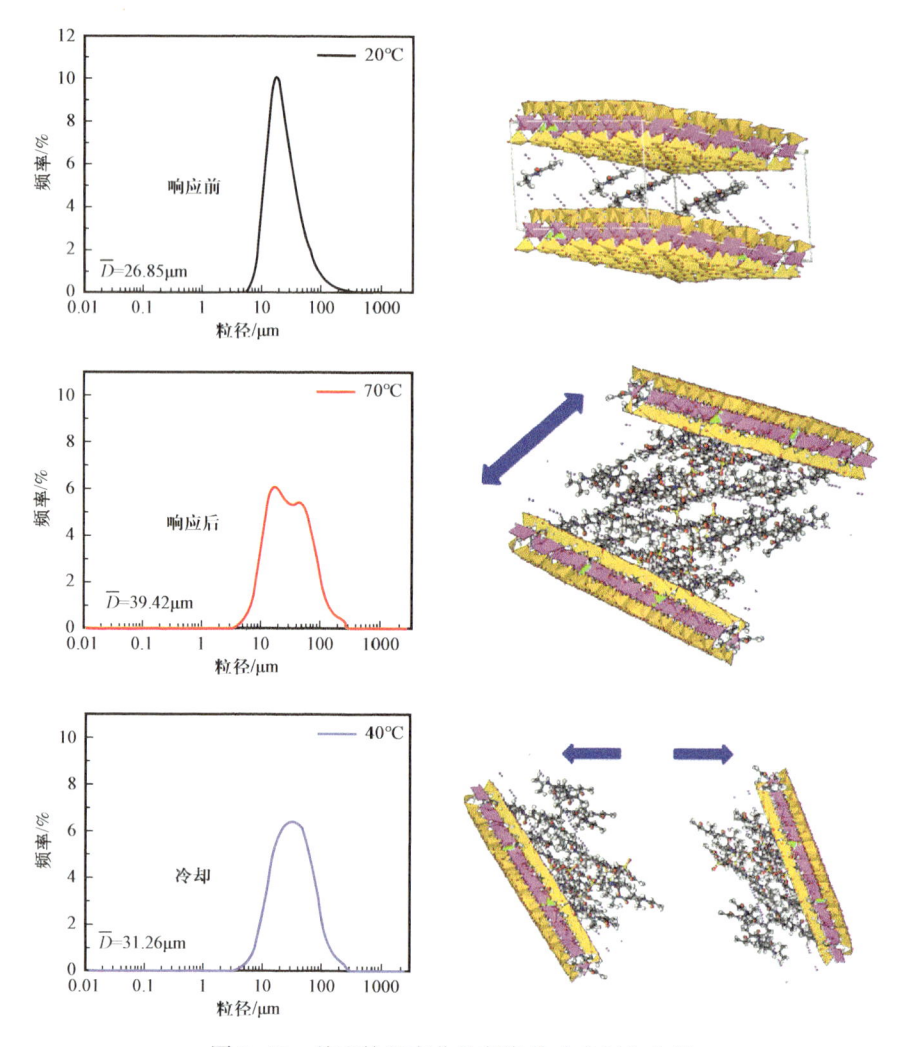

图 2-16 基于粒径变化的刺激热响应行为分析

冷却后的插层膨润土的粒径分布再次转变为单峰分布，但平均粒径为 31.26 μm，较响应前膨润土颗粒较大；除此之外，研究发现其峰形态也与响应前尖锐的粒径分布不同，该粒径分布峰顶位置较为平缓，说明粒径分布仍较宽泛，表明仍有少量 NIPAM 聚集体相互纠缠，颗粒未完全分开。

二、插层型膨润土的热响应成膜性能

准备 14g 的插层后的膨润土与 350mL 的 Lv-PAC 水溶液充分混合搅拌 16h，配备成膜防塌液。之后，采用青岛同春石油仪器公司的高温高压（HTHP）滤失仪分析温度对成膜防塌液的滤失性影响。

实验采用美国石油工程师协会（API）标准，滤纸的最大孔径小于 20μm，350mL 配备好的土浆倒入高温高压釜体，进行恒温压滤（涉及八个实验温度点，分别为 30℃，

50℃，70℃，90℃，110℃，130℃，150℃与180℃），实验压力为3.5MPa，压滤时间为30min。

待压滤实验结束之后，将残余土浆倒出并收集底部所成的膜，认备后续的ESEM电镜观察与亲疏水性分析。

下一步，实验采用PDE 1700LL/DSA100表面张力测试仪（KRUSS，德国）（图2-17）对膜表面亲疏水性进行探究。仪器参数性能如下：

（1）接触角测量范围和精度：0°~180°，精度：±0.1°，分辨率：±0.01°。
（2）表界面张力测量范围和精度：0.01~2000mN/m；分辨率：±0.01mN/m。
（3）光学系统：连续变焦的6倍变焦透镜，相机速度为52幅图像/s。
（4）视频系统调节：视频系统的倾斜度可以调节。
（5）注射单元控制及精度：注射单元精度为0.0067μL；注射体积与注射速度可以通过软件进行控制；注射液体既可通过软件，亦可通过手动按钮控制。

图2-17 膜表面测试系统

实验过程：

采用全自动滴液管向膜表面滴入0.2mL蒸馏水，同时开启高清数码摄像仪记录水滴与膜表面的接触图像并计算相应的接触角。

利用美国FEI公司的Quanta 450环境扫描电子显微镜（ESEM）（图2-18）对插层型热响应膨润土的微观结构进行结构观察。NIPAM与膨润土层结构的结合关系则采用美国热电公司的傅里叶红外波谱仪进行判断。

为了进一步分析插层热响应膨润土的成膜性，本节详细分析30℃与70℃条件下的膜性能，如图2-19所示。

由图2-19中左端的扫描电镜图可以看出，低温条件下（＜LCST），插层热响应膨润土所成膜为多孔的膜结构，将其放大10倍，可以看到该成膜结构主要由热响应膨润土颗粒与丝状NIPAM低聚集体共同组成。

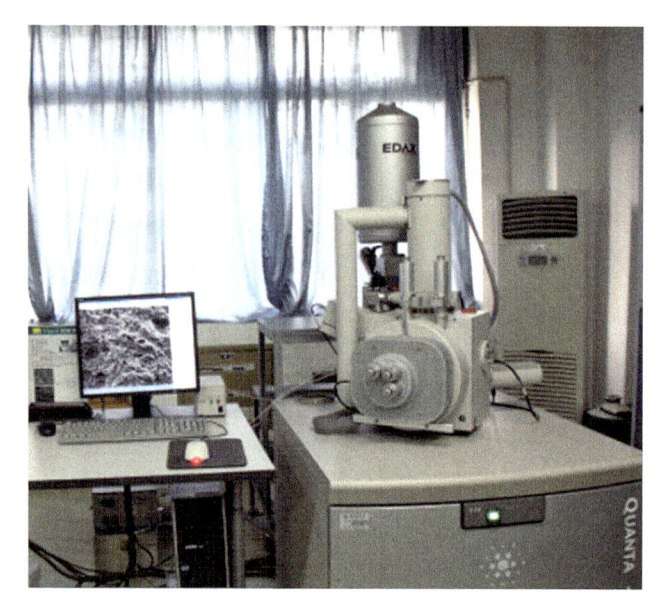

图 2-18　环境扫描电镜

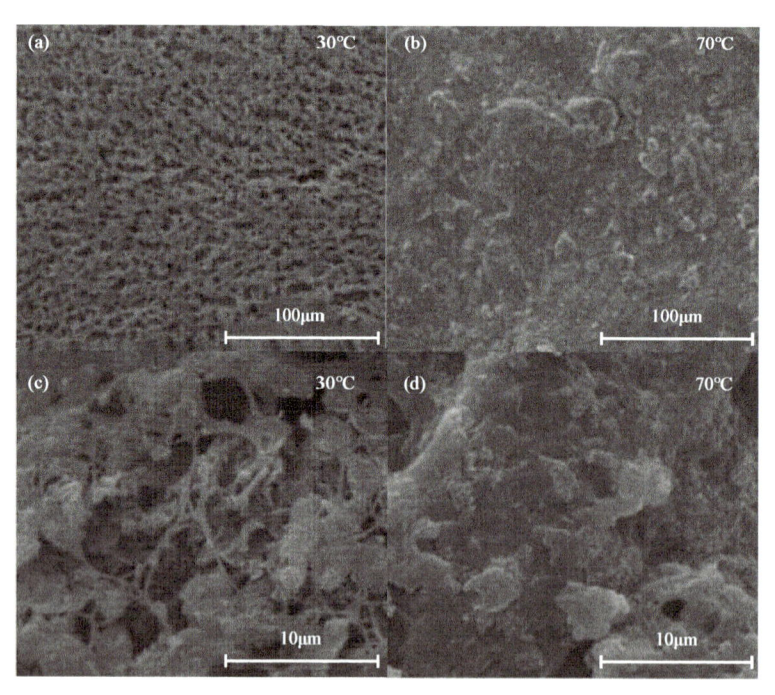

图 2-19　热响应前后插层热响应膨润土的膜结构
图（a）与图（b）分别为热响应前插层膨润土成膜与热响应后插层膨润土成膜，
图（c）与图（d）则分别为两者放大 10 倍后的局部膜结构

在高温（70℃）条件下，热响应膨润土成膜结构表面则较为光滑且平整，未见显著的空隙，表现出显著的高温自修复性。一方面，这是因为层间 NIPAM 低聚集体的热刺激响应聚合作用；另一方面，则是因为实验温度大于 NIPAM 聚集体的自交联温度，进一步加固颗粒间的结合作用。该膜的自修复性有利于保护储层，配合地层温度有效降低膜孔隙，阻止外部液体侵入储层。

另外，膜的成膜性还与膜的亲疏水性密切相关，膜的疏水性越强，则膜表面与水分间的界面张力越大，水分子更难以渗透膜表面。

因此，本节进一步结合表面张力仪，观察分析水滴与膜表面的接触情况，如图 2-20 所示。

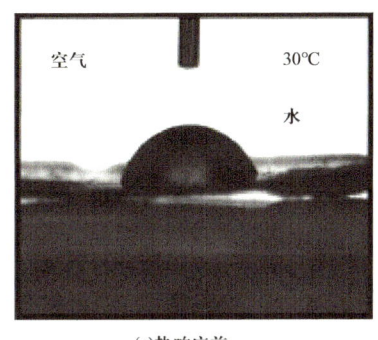

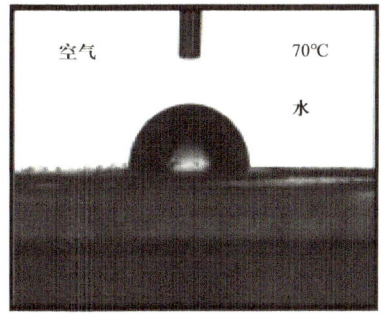

(a)热响应前　　　　　　　　　　(b)热响应后

图 2-20　热响应前后插层膨润土膜的亲疏水性

在低温条件下，水滴趋于渗入膜内部，大半部分已完全浸入膜内部，测得接触角为 68.84°，说明此时的膜表面亲水性较强，这主要是因为膨润土颗粒及未响应的 NIPAM 聚集体均为亲水性物质。

随着温度升高，膜表面接触角则显著增大至 90.24°，增长幅度为 29.14%。宏观上，可见水滴的大半部分裸露在膜表面，说明所成膜的亲水性显著减弱，这个现象主要是因为 NIPAM 聚集体的缔合作用使得膜孔隙进一步被减小，同时亲水基团内包，造成外部疏水基的比例增加，从而有效地阻挡水分侵入膜内部。

三、插层膨润土防塌液的防塌性

为了系统地研究插层膨润土的防塌性，下面结合低黏聚阴离子纤维素（Lv-PAC），对比研究了传统膨润土与插层膨润土的防塌性，其配方见表 2-3。防塌液的配制的搅拌时间均为 12h，搅拌温度为实验室温度（20℃）。

采用高温高压滤失仪监测防塌液的滤失性变化。率先配备 350mL 防塌液并注入高温高压滤失仪的釜体内。采用美国石油协会（API）标准记录防塌液高温高压滤失过程，实验所用仪器为 HP-1 型高温高压动滤失仪，最大承受温度和压力分别为 350℃ 和 50MPa。实验过程如下：首先将 API 滤纸（滤纸孔径小于 20μm）置入仪器容器的底部，然后缓慢注入 270mL 防塌液，实验压力 3.5MPa，实验温度 120~200℃，量取并绘制 30min 内防塌液滤失量与时间的关系曲线。

表 2-3 实验的水基防塌液配方

编号	配方	类型
WD1	4% 膨润土 +0.3% 过硫酸钾（KPS）	常规膨润土防塌液
WD2	4% 膨润土 +0.3% KPS+0.2% 低黏聚阴离子纤维素（Lv-PAC）	
WD3	4% 膨润土 +0.3% KPS+0.5% Lv-PAC	
WD4	4% 膨润土 +0.3% KPS+1.0% Lv-PAC	
DW1	4% 插层膨润土 +0.3% KPS	插层膨润土防塌液
DW2	4% 插层膨润土 +0.3% KPS+0.2% Lv-PAC	
DW3	4% 插层膨润土 +0.3% KPS+0.5% Lv-PAC	
DW4	4% 插层膨润土 +0.3% KPS+1.0% Lv-PAC	

1. 温度响应窗口

为了更为准确地分析温度对热响应成膜水基防塌液黏度的影响，采用恒温热滚的方法对传统成膜防塌液与热响应成膜防塌液进行预处理。恒温热滚后的防塌液流变性如图 2-21 所示。

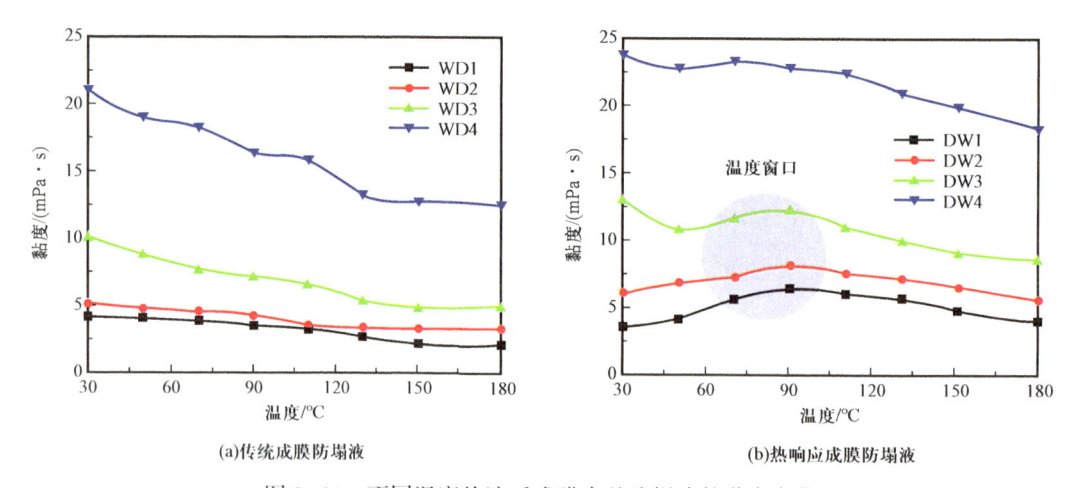

(a) 传统成膜防塌液

(b) 热响应成膜防塌液

图 2-21 不同温度热滚后成膜水基防塌液的黏度变化

对于热滚后的传统成膜水基防塌液，其表观黏度随着热滚作用温度的升高而明显地下降。其中，WD1 成膜防塌液的表观黏度几乎降低一倍，实验黏度从 22.0mPa·s 降至 13.2mPa·s，这可能是因为传统水基防塌液稳定剂 Lv-PAC 所构建的胶体网络受热被破坏。另外，随着 Lv-PAC 加量增加，这种下降趋势愈发显著，对比 WD4 与 WD3 曲线，WD4 流体的黏度下降率约为 WD3 的黏度下降率的两倍，这说明传统水基防塌液稳定剂 Lv-PAC 在高温条件下不能有效保证流体结构的稳定性，这也是传统成膜水基防塌液高温水分易流失的原因之一。

相反，热响应成膜水基防塌液的表观黏度则不随温度升高而简单地下降，由图2-21（b）可见，在60~120℃的实验温度区间，防塌液的流变呈现出一定的自我修复行为。在刺激响应温度区间内，防塌液黏度表现为不降反增，体现其结构强度显著增大，这与制备的插层热响应膨润土的受热刺激响应行为相符，即产生了高强度的层间热缔合结构。而在高温90℃以后，其黏度则随热滚温度升高而逐渐下降，这是因为此时缔合结构的增黏作用弱于Lv-PAC的受热降黏性，即空间Lv-PAC成网结构的损伤速度高于插层膨润土的结合速度。

而当实验温度达到120℃附近时，测得热滚流体的黏度值基本降至响应前的黏度水平，说明此时热响应成膜防塌液的热响应增黏性与传统Lv-PAC的受热降黏性达到平衡。综上所述，热响应水基防塌液的黏度具备显著的自我修复窗口，可在60~120℃范围内随着温度升高，自发地提黏降黏，从而使液体整体上保持原有的流变性能，可考虑将其作为智能防塌液以钻进复杂高温地层。

2. 插层膨润土防塌液的抑制性

1）防塌液的流变性测试

首先，取300mL配备的防塌液加入高温高压老化罐中，分别在不同温度条件下热滚24h。之后，采用Fann35A黏度仪（同春石油仪器有限公司，青岛）分别测试热滚后的防塌液的流变性能。流变测试的剪切转速范围为3~600r/min，流变性能计算公式如下所示：

$$\mu_a = \theta_{600}/2 \tag{2-6}$$

$$\mu_p = \theta_{600} - \theta_{300} \tag{2-7}$$

$$\tau_0 = (\theta_{600} - \mu_p)/2 \tag{2-8}$$

式中 μ_a——防塌液的表观黏度，mPa·s；

μ_p——防塌液的塑性黏度 mPa·s；

τ_0——启动压力，N/m²；

θ_{300}——黏度计在转速300r/min时的读数；

θ_{600}——黏度计在转速600r/min时的读数。

2）防塌液的抑制性测试

取川南钻井页岩岩心粉碎至200目，筛选10g细致的页岩粉末，加入实验页岩岩心压制模具，液压10MPa压制5min即可。之后，将压制的页岩岩心置入高温高压（HTHP）膨胀仪，继而在氮气3.5MPa条件下注入10mL成膜水基防塌液，测量探头自动记录岩心16h线性水化膨胀量，页岩水化膨胀率计算公式如下：

$$\omega = (R_t - R_0)/H \times 100\% \tag{2-9}$$

式中　R_t——t 时刻读取的页岩高度，mm；
　　　R_0——页岩初始高度读数，mm；
　　　H——页岩岩心初始厚度，mm；
　　　ω——页岩岩心线性膨胀率，%。

为了客观验证成膜钻井液的热响应成膜行为对页岩水化的影响，选取了四川盆地自贡市龙马溪组水敏性页岩作为研究对象，将岩样机械粉碎至 200 目颗粒大小，参照膨胀仪岩心杯的尺寸，10MPa 压制若干 2cm 厚的人造页岩岩心。

岩心线性膨胀曲线如图 2-22 所示。实验主要对比考察 WD4 与 DW4 型钻井液在不同温度（30℃、70℃及 110℃）条件下的线性膨胀行为。由图 2-22 可看出，传统膨润土基钻井液作用下的岩心膨胀量随温度升高而增大，当在高温 110℃条件下时，实验岩心水化膨胀显著，最大膨胀量增长幅度可达 75.67%，说明传统膨润土基成膜钻井液不具备高温抑制水化膨胀的作用。

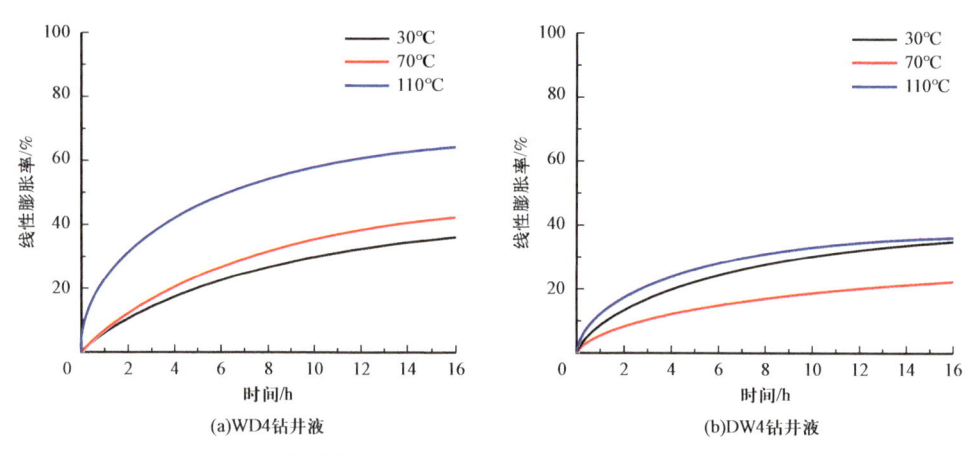

(a)WD4钻井液　　(b)DW4钻井液

图 2-22　人造页岩岩心的高温线性膨胀实验（实验压力 3.5MPa）

而不同地是，DW4 热响应成膜钻井液作用下的岩心膨胀行为则可由高温控制。常温 30℃条件下，DW4 作用下的页岩岩心膨胀规律基本与 WD4 作用下的页岩岩心一致。但在 70℃与 110℃条件下，与传统膨润土成膜钻井液的作用相比，页岩岩心的最大膨胀量分别显著降低 47.38%与 42.96%。特别说明的是，110℃作用后的岩心膨胀曲线趋近于常温（30℃）作用下的页岩岩心膨胀，这个结果充分验证了 DW 钻井液体系的高温自封堵性，可基于高温有效控制页岩的水化膨胀。

3. 插层膨润土防塌液的降滤失性

水基防塌液的水分流失是引发水敏性页岩水化坍塌的主要原因之一。特别是在地层高温环境条件下，由于分子热运动加剧，当量防塌液的滤失量将进一步增大，并诱发裂纹扩展、井眼坍塌及油气泄漏，甚至造成储层垮塌。

基于上述插层型膨润土的热响应性，本节进一步讲述制备热响应成膜防塌液，防塌液的配方见表2-3。实验拟对比传统水基防塌液中的天然膨润土，构建热响应膨润土基浆，形成高温自封堵防塌液体系，遏制页岩内部膨润土矿物水化。

本节实验中采用高温高压滤失仪考察不同温度条件下热响应膨润土成膜水基液的滤失性，如图2-23所示。

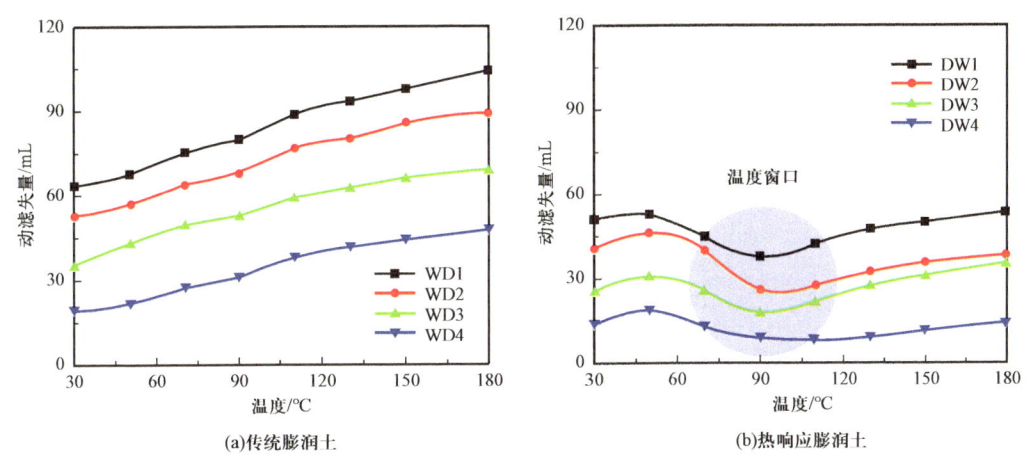

图2-23　不同温度条件下传统膨润土与热响应膨润土水基防塌液滤失性对比

图2-23（a）为以油田现场常用降滤失剂结合天然膨润土配备的不同性能的降滤失水基防塌液，图2-23（b）则为以插层膨润土顶替天然膨润土后的同等配比的降滤失水基防塌液。实验主要试验了室温（30℃）到180℃防塌液的滤失性变化，结果显示天然膨润土水基防塌液的滤失量随着实验温度升高而逐渐升高，而热响应成膜水基防塌液则具备显著的温度保护窗口。

具体来说，传统的天然膨润土水基防塌液的滤失量随着温度升高而升高，但滤失量随着体系内降滤失剂含量的增加，被有效降低。当Lv-PAC增量由0.2%提高到1.0%，实验最大滤失量降低，说明Lv-PAC具备显著的降滤失性，这主要是因为Lv-PAC具备较强的胶黏成膜性。

但是滤失量增长趋势基本呈指数型增长关系，这主要是因为温度升高将促使水分子运动性加剧，使得水分子更容易穿过膜孔隙。

不同的是，热响应膨润土水基防塌液具备显著的逆转区间，如图2-23（b）中蓝色区域所示。从图2-23（b）中可以看出，在未达到热响应膨润土的响应温度时，实验防塌液的滤失性与传统膨润土水基防塌液的滤失性变化基本一致。这是因为该温度条件下，热响应膨润土尚处于潜伏阶段，未构建成膜封堵结构。

在实验温度60~120℃区间，结果发现显著的滤失控制区间，该区间防塌液滤失随温度先降低后上升，该实验现象可由插层膨润土的热响应行为解释。在实验温度60~90℃，热响应防塌液的滤失量降低主要因为热响应膨润土颗粒间的热缔合行为所致，层间接枝结构相互缠绕，有效填补了原有Lv-PAC成膜的孔隙。

在实验温度90～180℃，热响应膨润土水基防塌液的滤失量开始增大，并在120℃附近逐渐恢复至响应前的滤失性，说明热响应成膜水基防塌液的热响应成膜过程已完成，但是因为水分子热运动加剧，致使滤失量上升。这些实验结果揭示了热响应成膜水基防塌液体系的最佳适用温度。综上分析所得，热响应成膜水基防塌液的热响应温度区间为60～90℃，滤失控制温度区间为60～120℃。

4. 高温下晶胞表面的分子相互作用

随着21世纪算力的快速发展，计算分子模拟技术已然成为重要的理论计算研究方法，广泛应用于生物、化学、物理等领域。目前探究功能性结构材料的反应性质主要采用的模拟方法有基于反应力场ReaxFFLM的分子动力学模拟法（ReaxFF Molecular Dynamics）和量子力学（Quantu Mechanics，QM）的方法。

为了更好地描述插层热响应膨润土的成膜防塌机理，采用分子模拟软件进一步研究晶胞表面的分子相互作用。

1）插层膨润土模型的建立

采用Material Studio（MS）软件进行插层膨润土模型的建立，软件的提供与使用得到西南石油大学与新加坡国立大学的共同支持与帮助。模型建立主要分为以下两步。

（1）建立蒙皂石晶胞。

建立晶格：根据蒙皂石晶体结构特征建立蒙皂石晶胞，选择斜长C2/M作为晶体类型，a轴、b轴及c轴的间距分别按照美国晶体结构库的数据文件设置为5Å，12Å及5Å。晶胞的α、β及γ角度分别为90°，99°及90°，参照晶体结构库中怀俄明膨润土的晶体结构信息。

原子填充：参照美国怀俄明膨润土的晶体信息，分别置换晶格中的原子，主要以硅原子为主，氧原子分别对应晶格中的氧及表面羟基中的氧。同时，还有一层原子则由铝原子构成，置换方法为对称置换法。最后，还需在层间设置自由的钠离子，以模拟钠基蒙皂石。成功置换后的蒙皂石晶格如图2-24所示。

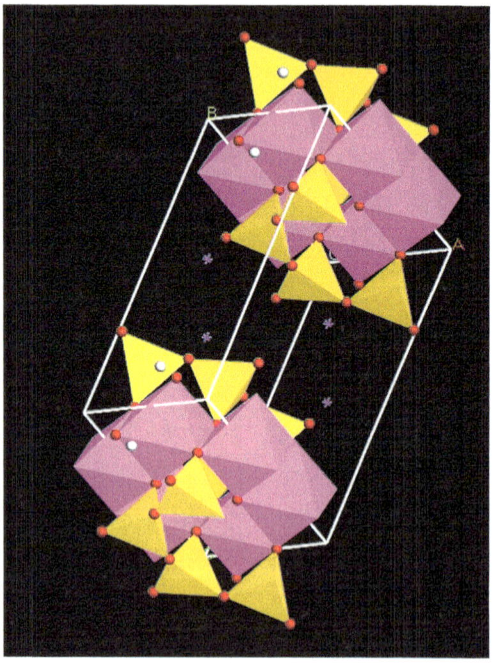

建立晶胞：在已建立的晶格基础上，进一步进行晶体扩展，晶体扩展严格遵循单位晶格的结构进行三维空间扩展，本次模拟的扩展倍数为5倍，如图2-25所示。

图2-24 钠基蒙皂石晶格

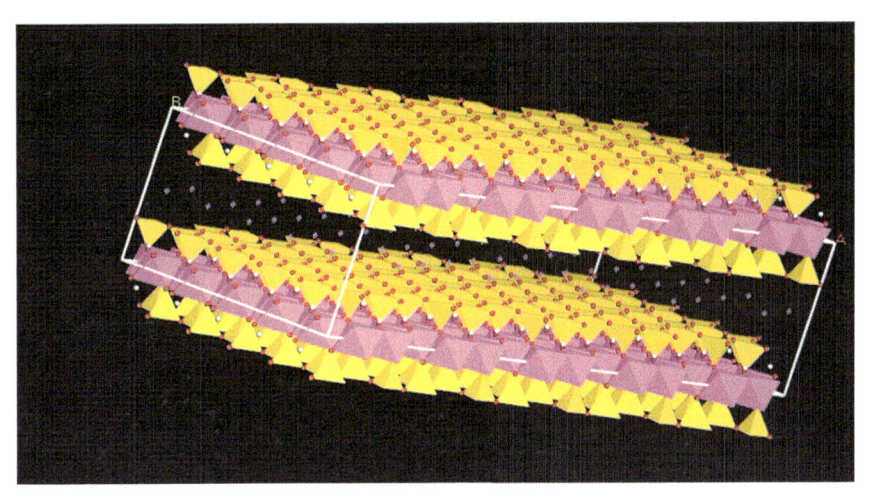

图 2-25 钠基蒙皂石晶胞

（2）原子置换与插入分子。

天然蒙皂石中的铝原子常常容易被低价的镁原子所置换，从而存在晶体缺陷，致使天然的蒙皂石晶胞呈负电性。因此，进一步对晶胞表面进行镁原子置换，如图 2-26 所示，随机用镁原子替换掉部分铝原子。最后，插入 NIPAM 自由分子，以待后续模拟。

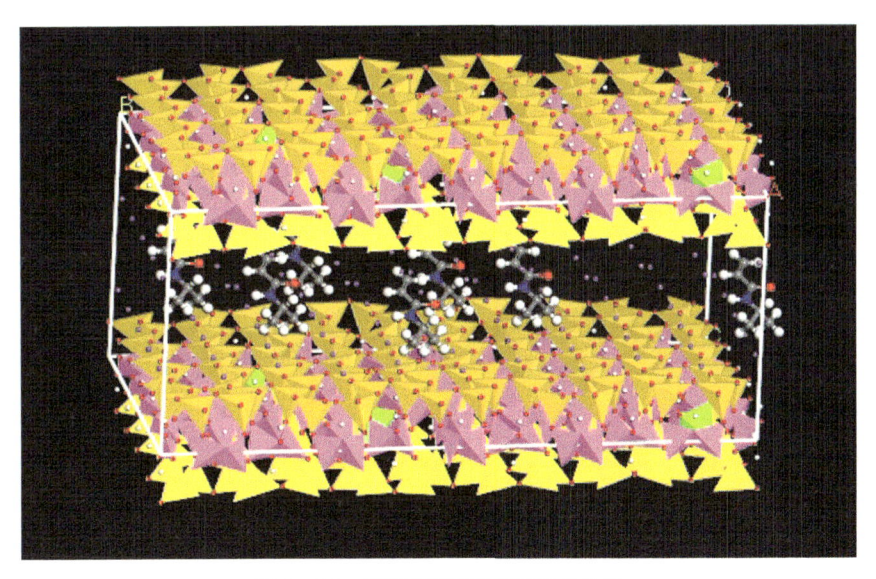

图 2-26 拟模拟的插层蒙皂石晶胞

模拟 110℃温度场条件下插层热响应膨润土的表面分子结构，如图 2-27 所示。

高温条件下，晶胞内 NIPAM 聚集体主要有三种存在方式。其中，少量的 NIPAM 分子未能较好地结合，处于游离态，欲逃逸出晶胞结构；部分 NIPAM 分子则自发地相互结合，形成了低聚集体；而大部分 NIPAM 分子则围绕过硫酸根而聚集，形成密集型大分子聚集体，此为插层热响应膨润土可高温成膜的主要原因。

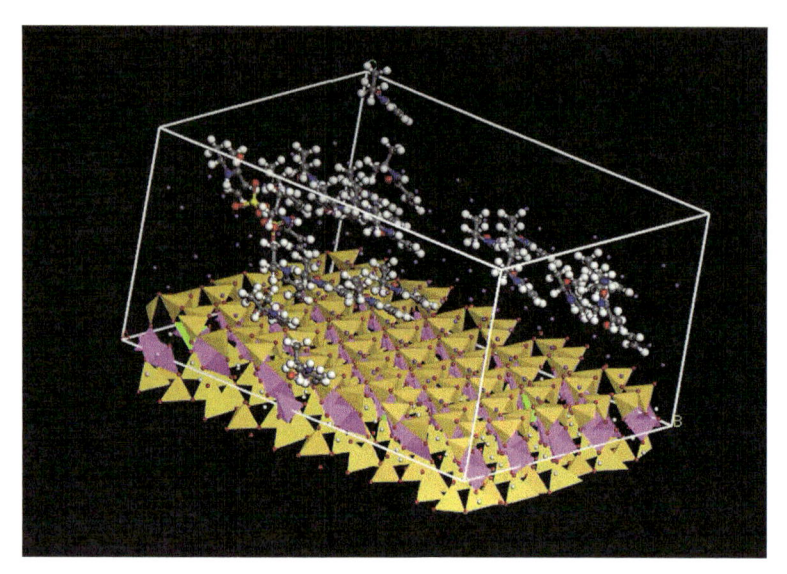

图 2-27 高温 110℃条件下插层热响应膨润土的模拟结果图

2）插层膨润土的动力学模拟

进一步采用 Forcite 动力学分析模块模拟计算了 5ps 时间内的插层膨润土结构的动力学特征。具体步骤如下：

（1）Forcite 模拟模块。

Forcite 模块主要用于模拟分子与分子间的相互作用，如：离子交换、吸附作用、化学反应等。此次模拟采用 Forcite 模块进行热响应行为分析，模拟力场系统采用 COMPASS III 力场，基本可以模拟分子间的相互作用力场。根据实验条件，分析系统采用了基本的正则系统（NVT），有利于研究分子间的相互作用及分子的扩散运动。

（2）结构优化。

继续对设置好条件参数的晶胞结构进行结构优化，选择 Geo optimsion，优化过程不设置额外的压力，同样采用 COMPASS III 力场进行优化模拟，优化算法采用 MS 自带的智能算法进行结构优化，如图 2-28 所示。

经过 500 次计算机的智能结构优化后，晶胞的熵能量达到最低值，且长期处于稳定状态，说明结构已被充分优化。

图 2-29 为模拟过程中温度场的变化，可分析看出温度场的变化整体上满足正弦波谱特征，初始温度场为 350K（77℃），终止温度场为 380K（107℃），平均温度场为 383K（110℃）。

图 2-30 为变化高温温度场作用下，插层膨润土的能量变化，模拟结果分析显示，在高温变化的温度场的作用下，体系的能量稳定。NIPAM 分子与蒙皂石晶体的结合作用较强，总结合能为 47210kcal/mol，表明插层热响应膨润土的高温热结合能较强，高温可有效形成稳定的结合结构，有利于成膜。

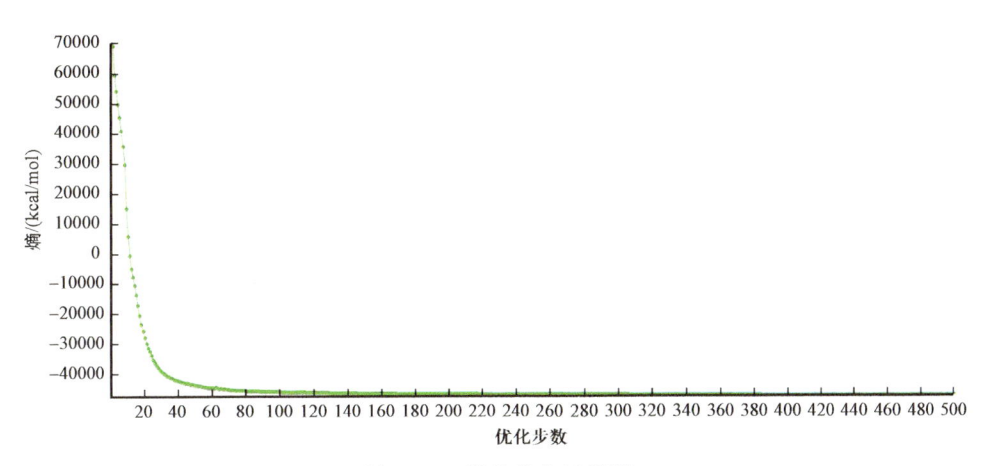

图 2-28 结构优化过程图

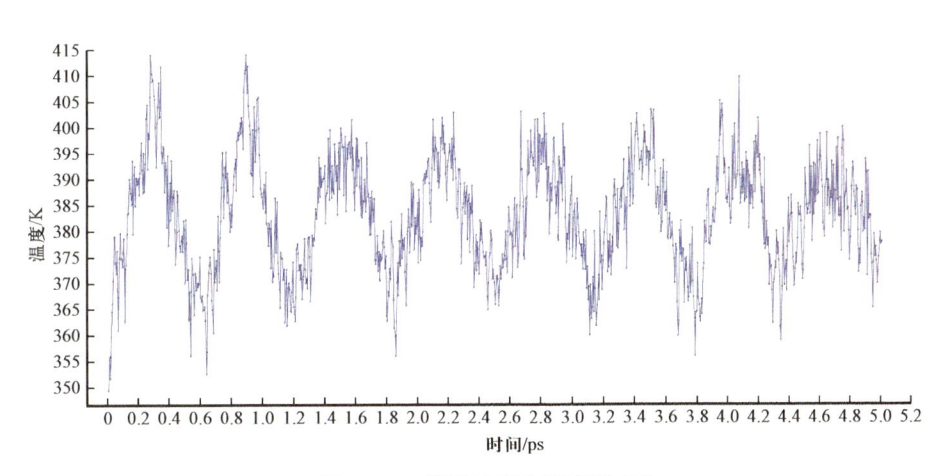

图 2-29 模拟过程的温度场变化

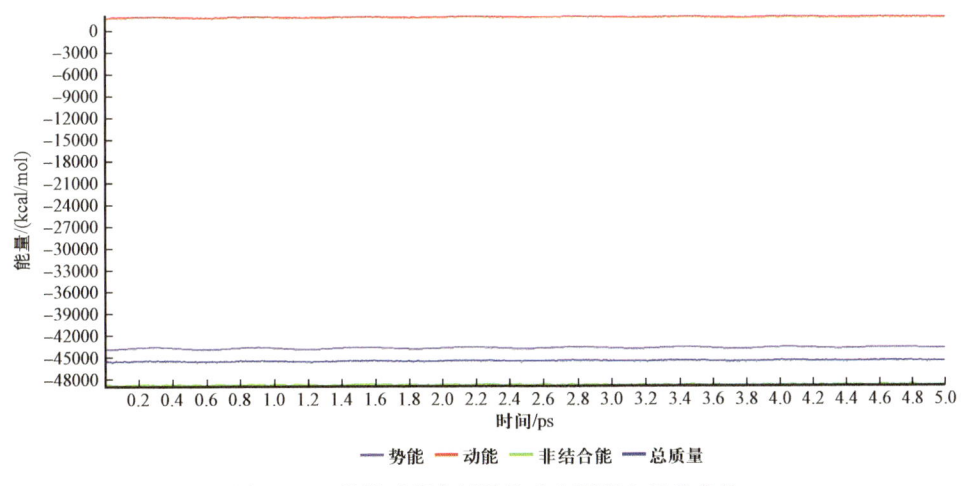

图 2-30 模拟过程中插层热响应膨润土能量变化

第四节　插层热响应膨润土的成膜防塌机理

根据以上实验与模拟分析的结果和分析叙述，本章提出插层膨润土防塌液的热响应成膜防塌机理，如图 2-31 所示。

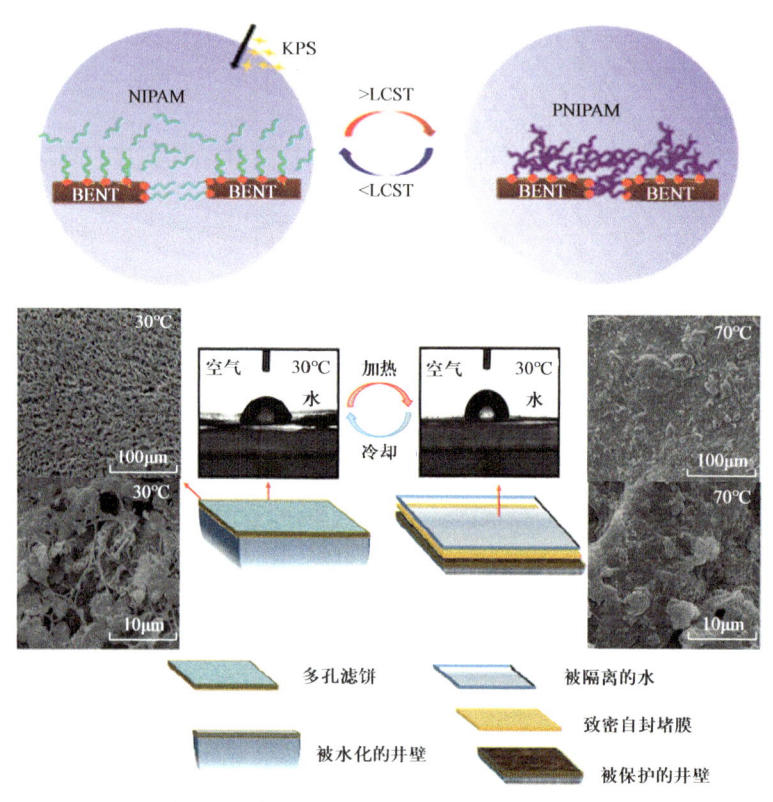

图 2-31　插层膨润土的刺激热响应防塌机理

穿插在膨润土层间及表面结合的 NIPAM 聚集体，在常温条件下由于具备较高的亲水基比例，单体分子链舒展，甚至处于游离态。但在高温及 KPS 的促进下，游离态的自由基加速运动并突破膨润土层结构的空间位阻，转为聚合态 PNIPAM 分子链，同时由于 PNIPAM 中较高的酰胺比例，在高温条件（>LCST）下易形成聚集体间的氢键缔合，从而减小层结构间的有效空隙，使得层结构间变得更为致密，从而形成致密型疏水性隔离膜，阻止后续水分的恶性侵入，从而达到遏制井眼附近储层水化损伤的目的。

但由于 PNIPAM 的热敏感性，降低温度（<LCST）会致使缔合的氢键作用减弱，PNIPAM 聚合体间的交联结构断链，层结构相互脱离，再次暴露出层间空隙。因此，有必要进一步开发不可逆的热响应膨润土，构建不可逆的热响应膜结构。

第三章　自锁型不可逆热响应膨润土成膜剂研制及其防塌性研究

上一章主要介绍了插层型热响应膨润土的制备及其成膜防塌机理，但是插层膨润土的热敏性较强，不利于井下长期作业。因此，本章进一步分析制备不可逆热响应膨润土，以长期服役于井下作业。

第一节　自锁的概念及应用

自锁（Self-locking）通常是指在外界环境（如：温度、压力、光）的刺激作用下，栅栏型结构发生刺激性响应，从而自发地关闭原有开放窗口，这种现象被称为自锁。

一、栅栏结构

栅栏结构是一种极简的三维结构，仅由多层二维材料组合而成，如图 3-1 所示。

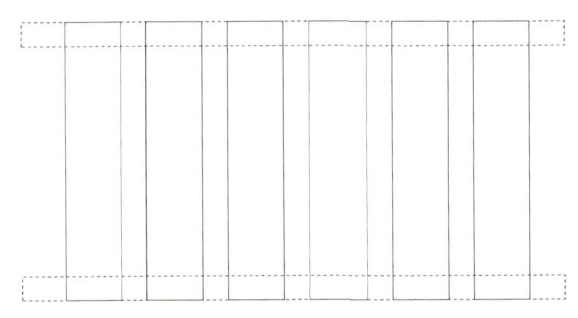

图 3-1　理想的栅栏结构

因此，这种结构极易被大自然构造，广泛存在于微观与宏观世界中，如图 3-2 所示。

(a) 贝壳　　　　　　　　　　(b) 木材

图 3-2　含栅栏结构的天然物质

自然界中美丽的贝壳与木材，均蕴含类似的栅栏结构（层状二氧化硅、层状纤维），其按一定的规律排列而成。

二、自锁作用

图 3-3 为自锁作用的示意图，通过自锁对缝隙进行空间弥补。本质上，自锁属于自修复行为的一种，通常指栅栏结构受热、光、酸等刺激，产生一系列化学或者生物作用，从而缔生出"毛""臂""球"等增生物质，从而对原有的空隙进行"不可逆"地填充，宏观上表现为表面更为致密、光滑，甚至力学强度也可被提高。

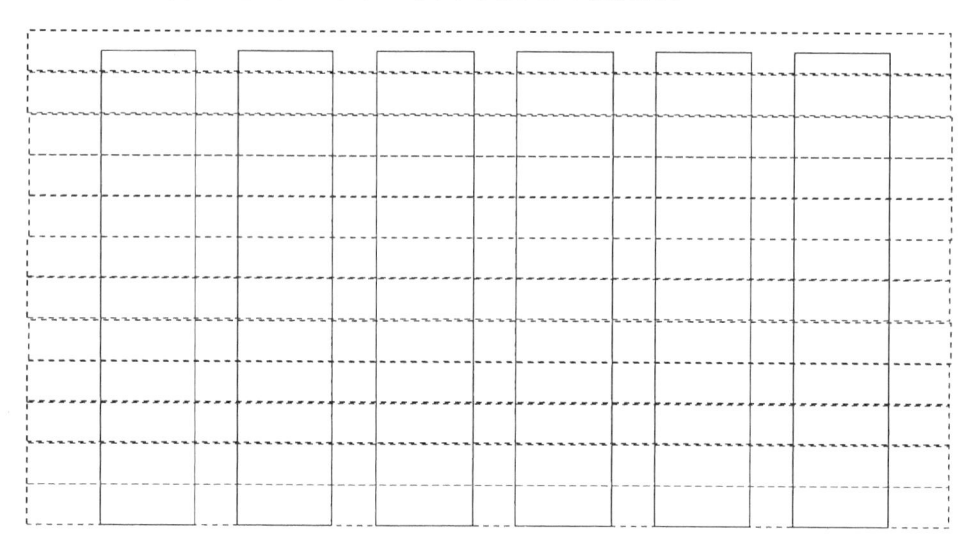

图 3-3　理想的自锁作用

三、自锁的应用

近年来，有许多关于智能二维自锁材料的报告，并已广泛应用于不可逆智能控制、药物投放、能源储存及环境治理等领域。

例如，受门锁技术的启发，Rahman 等在神经肌肉末端板状组织上构建了自锁型生物开关，可有效控制神经肌肉的表达。基于二维石墨烯片层，Chen 等在三维多孔石墨烯（3DMG）中构造了电子液"自锁"，通过有机体的光热感开关功能，实现了可见光与电储能的高效转化。Li 等则开创性地利用人工二维材料生长构造了具备刺激响应功能的"自锁"膜，可智能控制电子液传导，实现了结构半导体到半金属的相变，有效提高了现有二维材料的能量储存效率。

但尚未见自锁在膨润土改性中的应用，本书探究分析拟将自锁技术应用到热响应膨润土的制备中。

第二节 自锁型不可逆热响应膨润土（GB-bent）设计

一、含天然栅栏结构的膨润土

这种智能"自锁"膜生产成本高昂，难以大规模应用到能源勘探开发中。膨润土是一种富含类似二维材料（蒙皂石）的天然黏土，可参考二维材料改造进行材料生长，如图3-4所示。蒙皂石的类似二维结构层主要由硅氧四面体和铝氧八面体板组成，活性氧原子和羟基通常分布在晶体层的表面及端面，为自锁改造提供了可能。

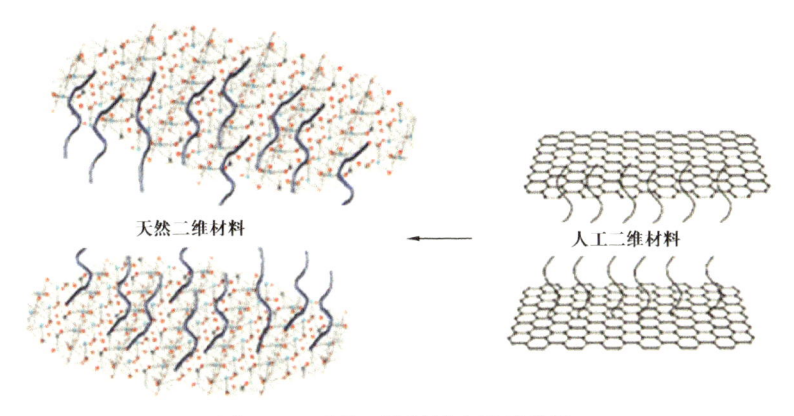

图 3-4 天然二维材料生长示意图

有趣的是，当膨润土初步萌生形成后，便可采取多种有机生长手段，对"愚钝"的膨润土进行一系列的人工智能改造。目前，有机材料生长手段主要分为自由生长与可控生长。材料的自由生长主要是自由基引发，使链增长（链生长），自由基不断增长的聚合反应。聚合实施方法主要有本体聚合、溶液聚合、悬浮聚合、乳液聚合等。但这种传统的聚合生长法无法有效控制链条尺寸，容易引发层间结构崩塌。

二、原子可控聚合生长技术（ATRP）

1998年，在美国卡内基梅隆大学Krzysztof Matyjaszewski教授实验室从事博士后研究期间，王锦山博士发现了原子转移自由基聚合（ATRP）。至此，打开了材料的可控生长的大门，ATRP聚合法可控制层间生长链条尺寸及几何特征，广泛应用于空间受限晶体结构材料的生长。例如：2011年，Xu等提出了一种规整有机无机复合颗粒，结构设计上采用了"一步法"ATRP聚合并利用铜催化的偶氮化物/烷烃类环加成构建了完美对称性生长链；2019年，Peles-Strahl等通过ATRP控制聚合链条生长，开发了刺激响应性有机薄膜。

三、层结构生长

ATRP 的基本原理是通过一个交替的"促活—失活"可逆反应使得体系中的游离基浓度处于极低，迫使不可逆终止反应被降到最低程度，从而实现"活性"/可控自由基聚合。引发剂 R-X 与 M_nt 发生氧化还原反应变为初级自由基 R·，初级自由基 R·与单体 M 反应生成单体自由基 R-M，即活性种。R-M·n 与 R-M 性质相似均为活性种，既可继续引发单体进行自由基聚合，也可从休眠种 R-M$_n$-X/R-M-X 上夺取卤原子，自身变成休眠种，从而在休眠种与活性种之间建立一个可逆平衡。

基于蒙皂石层状结构，本章分析采用 ATRP 聚合法对初步萌生的膨润土进行功能化可控自由基聚合反应。在原子转移自由基聚合中，利用亚金属离子催化形成 C—C 与 C—N 键，产生一种在层结构容限范围内的不可逆热响应复合材料。

第三节 自锁型不可逆热响应膨润土（GB-bent）制备及表征

一、制备原理

自锁型不可逆热响应膨润土（GB-bent）的合成机理如图 3-5 所示，主要分为以下三步。

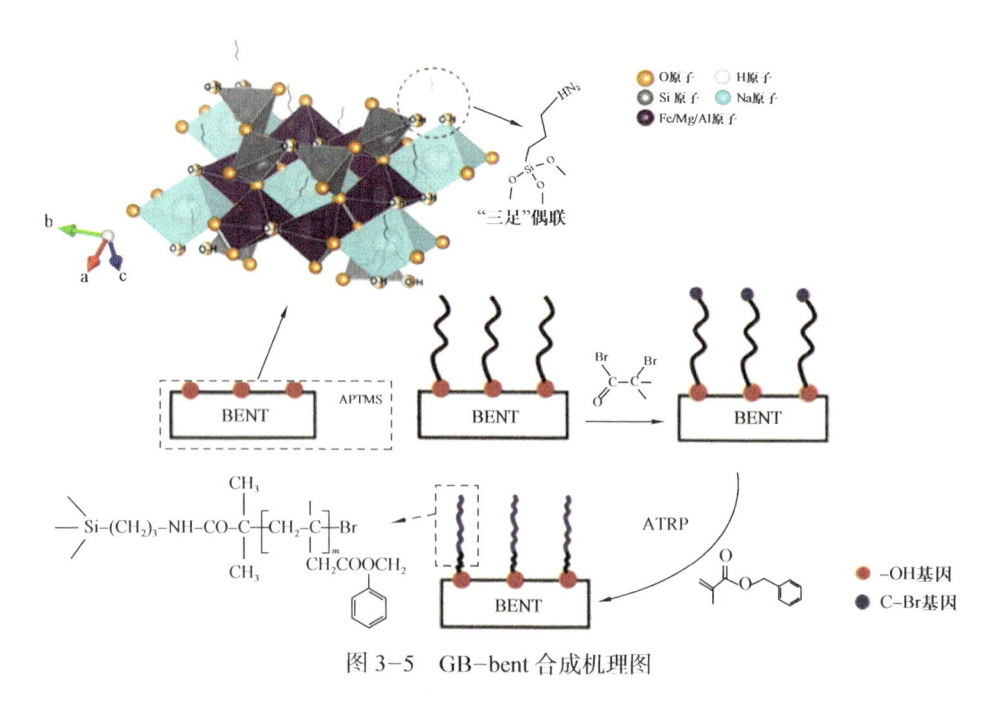

图 3-5 GB-bent 合成机理图

第一步，基于蒙皂石表面与基面的羟基，采用具有"三足"结构的偶联剂 APTMS 耦合蒙皂石表面的—OH 基团，同时引入伯胺基团。

第二步，利用2-溴异丁酰溴中活性溴原子进行亲核取代伯胺基团中活性H原子，同时构建后续ATRP氧化还原的卤化C—Br基团。

第三步是对第二步反应所得R—Br化合物进行ATRP聚合，其转换合成的机理如下所示。

GB-bent的ATRP化学机理：

（1）引发阶段。

$$R-Br+CuBr/BPY \rightarrow R\cdot +CuBr_2/BPY \quad (3-1)$$

$$R\cdot +BzMA \rightarrow P_1\cdot \quad (3-2)$$

（2）增长阶段。

$$P_n-Br+CuBr/BPY \rightarrow P_n\cdot +CuBr_2/BPY \quad (3-3)$$

$$P_n\cdot +BzMA \rightarrow P_{n+1}\cdot \quad (3-4)$$

（3）终止阶段。

$$P_n\cdot +P_m\cdot \rightarrow P_{n+m} \quad (3-5)$$

该过程主要细分为引发、增长和终止三个阶段。引发阶段，利用2,2'-联二吡啶（BPY）配体中的溴化亚铜中亚铜离子催化，迫使R—Br发生氧化还原反应转变为自由基R·，继而与单体甲基丙烯酸苄基酯（B）反应生成单体自由基R—B·，即初代的活性种P_1。增长阶段，R—B·将继续引发单体B进行自由基聚合生产活性种P_n，同时也可从休眠种R—B—Br上夺取溴原子，自身变成休眠种P_m，从而在休眠种与活性种之间建立一个可逆平衡。

二、合成实验

1. 实验药品及仪器

实验所用的膨润土购自美国的纳米科技公司（Nanor Company）。膨润土的化学成分为13.22% Al_2O_3、71.30% SiO_2、7.10% MgO、4.79% Na_2O 和3.59% Fe_2O_3。实验所用试剂见表3-1。本实验中所使用的主要仪器、型号及生产厂家见表3-2。

2. 制备步骤

（1）5g膨润土与200mL蒸馏水室温（20℃）下混合磁力搅拌24h，使天然膨润土充分水合，同时拉开层间距，便于后续改性剂的插入与接枝改性。

（2）恒温50℃条件下逐滴加入20mL的3-氨丙基三甲氧基硅烷水溶液，3-氨丙基三甲氧基硅烷水溶液浓度为5.0%（体积分数），充分搅拌24h，以赋予膨润土基面活性伯胺基团。

表 3-1 主要药品一览表

试剂	英文名	分子式	规格	生产厂商
3-氨丙基三甲氧基硅烷	(3-Aminopropyl) trimethoxysilane	$C_6H_{17}NO_3Si$	分析纯	Sigma-Aldrich
甲基丙烯酸苄基酯	Benzyl Methacrylate	$C_{11}H_{12}O_2$	分析纯	Sigma-Aldrich
2-溴异丁酰溴	α-Bromoisobutyryl bromide	$C_4H_6Br_2O$	分析纯	Sigma-Aldrich
2,2'-联二吡啶	2,2'-Bipyridine	$C_{10}H_8N_2$	分析纯	Sigma-Aldrich
溴化亚铜	Cuprous Bromide	$CuBr$	分析纯	Sigma-Aldrich
三氯甲烷	Trichloromethane	$CHCl_3$	分析纯	Sigma-Aldrich
对二甲苯	Paraxylene	C_8H_{10}	分析纯	Sigma-Aldrich
N,N,N',N'',N''-五甲基二亚乙基三胺	1,1,4,7,7-Pentamethyldiethylenetriamine	$C_9H_{23}N_3$	分析纯	Sigma-Aldrich
甲醇	Methyl alcohol	CH_3OH	分析纯	Sigma-Aldrich

表 3-2 主要仪器一览表

仪器	型号	生产厂家
分析天平	ABS/ABJ	德国 KERN 公司
数显恒温油浴锅	HH-4	常州丹瑞实验仪器设备公司
集热式磁力搅拌器	DF-101S	陕西太康生物科技公司
循环水真空泵	SHB-III	开封市宏兴科教仪器厂
真空干燥箱	DZF-6020	上海一恒科学仪器公司
激光粒度仪	MS3000	英国马尔文公司
傅里叶红外光谱仪	WQF-520	赛默飞世尔科技公司
数控超声清洗器	KQ2200E	昆山市超声仪器公司
X射线衍射仪	X'Pert PRO MPD	荷兰帕纳科公司
扫描电子显微镜	EVO MA 15LS	德国卡尔蔡司公司
热重分析仪	STA449F3	德国耐驰仪器制造公司

（3）至此，膨润土的初步改性完成。继而采用离心机以 5000r/min 离心 5min，小心取出底部膨润土，并用甲醇反复清洗离心三遍以上。最后，采用真空干燥机 85℃下干燥 12h，得到活性 Bent-NH$_2$。

（4）对 Bent-NH$_2$ 进行 ATRP 功能改性，氮气保护前提下缓慢引入 50mL 干燥的三氯甲烷溶液（含 2mL 引发剂 2-溴异丁酰溴），30℃下缓慢搅拌。继而引入 10mL 的 2,2'-

联二吡啶配合液（含 0.1g 溴化亚铜）与 10mL 对二甲苯溶液（含 1g 甲基丙烯酸苄基酯）。最后，逐渐升温至 90℃，继而加入 0.2g 的 N，N，N′，N″，N″－ 五甲基二亚乙基三胺交联剂。

（5）保持冷凝回流，恒温自由反应 6h，最后用三氯甲烷与甲醇混合液清洗离心反应液三遍以上，通氮气 105℃ 干燥 12h，封罐保存以便后续表征及实验。

本章联合 X 射线衍射分析（XRD）、傅里叶红外光谱分析（FTIR）、热失重分析（TG）、扫描电子显微镜分析（SEM）等仪器对 GB-bent 进行化学结构及微观结构表征。同时，采用高温高压失水仪、高温高压膨胀仪、岩石力学分析仪等工程评价仪器对 GB-bent 的防塌性进行了工程评价实验。

三、自锁型膨润土的结构表征

1. 傅里叶变换红外表征（FTIR）

通过傅里叶变换红外仪对 GB-bent 的结构进行了分析，波谱扫描范围为 500～4000cm^{-1}，扫描次数为 32 次。测试过程中样品采用溴化钾（KBr）压片法制备。

2. X 射线衍射分析（XRD）

X 射线衍射则采用荷兰帕纳科公司的 X'Pert PRO MPD 衍射仪，放射源为 Cu/Kα 靶，采用小角度衍射模式分析蒙皂石 d001 间距变化，扫描角度为 3°～15°。

3. 热失重分析（TGA）

进一步采用热失重分析仪，根据 DTG/TG 曲线对比分析 GB-bent 化学构成及其热稳定性，实验温度为 30～700℃，升温速率为 10℃/min，实验气氛气体为氮气。

4. 扫描电子显微镜（SEM）

GB-bent 的微观结构分析描述采用德国先进的 EV0 MA15 扫描电子显微仪，如图 3-6 所示。

为了提高成像的清晰度与准确度，预先对膜表面进行喷金处理；对 GB-bent 表面结构进行微观电子扫描，得到生长结构的几何形貌；对表面生长结构，采用能谱元素分析仪（EDS）进行定量的元素能谱分析。

仪器参数性能：（1）二次电子可以观察膜表观形貌、大小、分布；（2）EDS 可以做

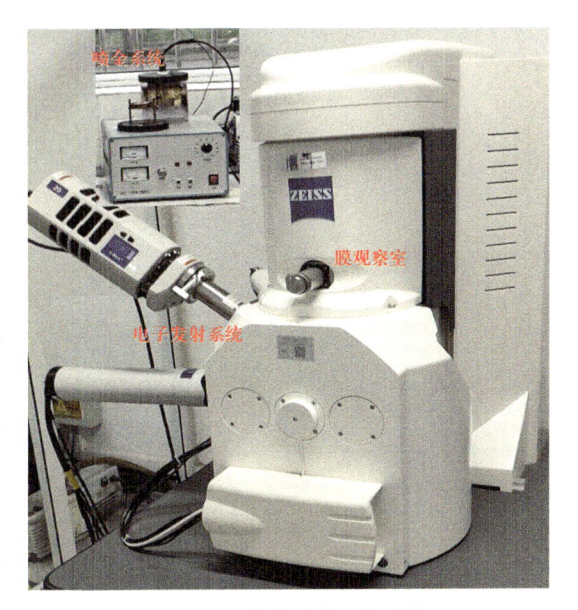

图 3-6 成膜形貌观察系统

定性和定量成分测量、截面元素分布、线扫描、面扫描；（3）图像放大倍数为5～1000000倍，并且连续可调；（4）加速电压范围：0.2kV到30kV以上，并以10V步长连续可调。

第四节　GB-bent 的结构表征结果

分析图3-7，天然膨润土明显被功能化改性。根据天然膨润土的红外光谱，1031cm^{-1}，834cm^{-1}，以及631cm^{-1}处的显著吸收峰分别是由Si—O—Si伸缩振动，Al—Fe—OH伸缩振动和Si—O—Si变形振动行为造成。但631cm^{-1}处吸收峰能力较低，非蒙皂石Si—O—Si键振动，应归属于其他硅酸盐的特征峰。进一步地，3400cm^{-1}处宽泛的吸收峰属于蒙皂石晶体结构中结合水的特征峰，3610cm^{-1}处的显著吸收峰则代表蒙皂石中Mg—Al—OH的特征吸收峰。

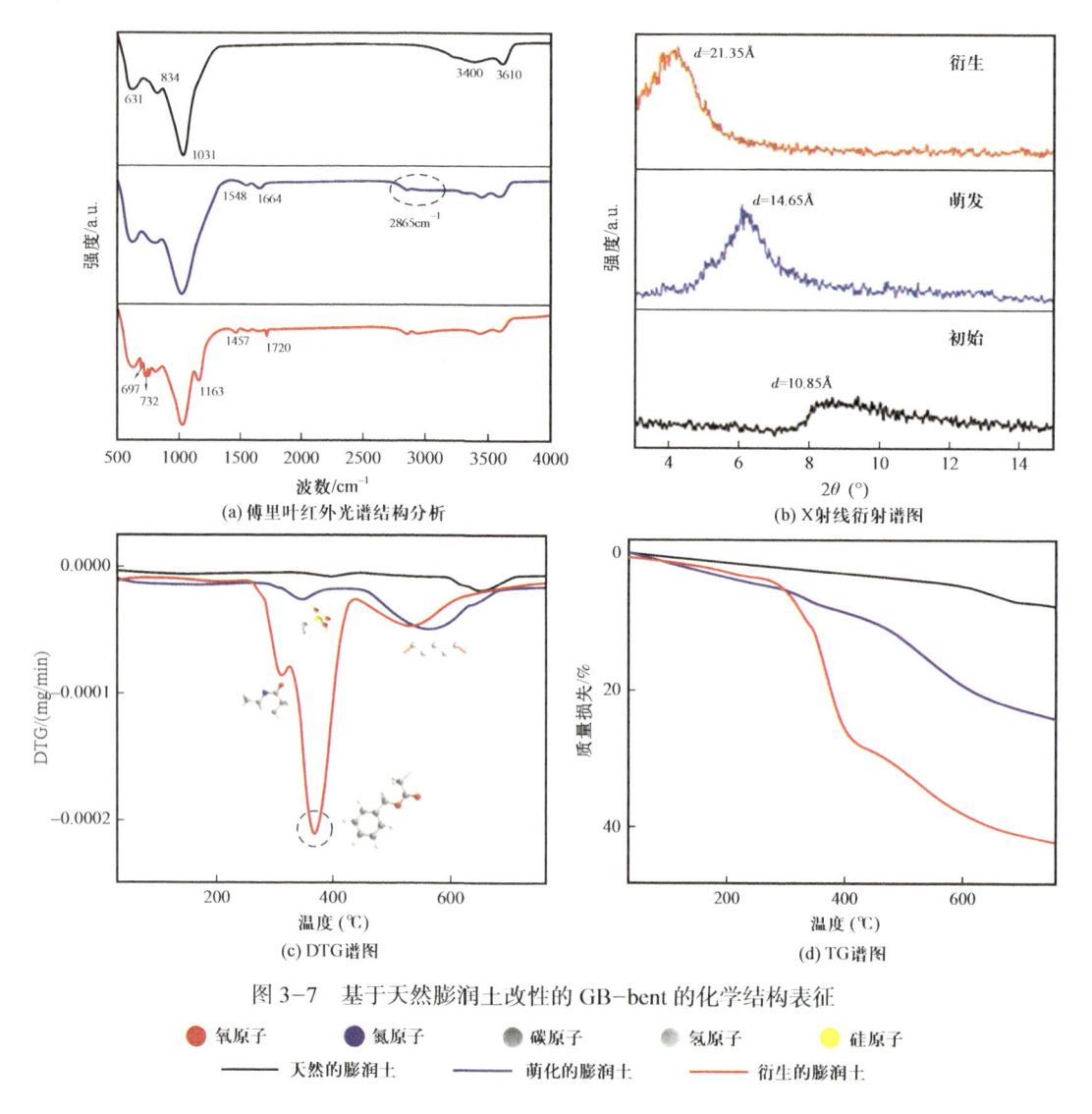

(a) 傅里叶红外光谱结构分析

(b) X射线衍射谱图

(c) DTG谱图

(d) TG谱图

图3-7　基于天然膨润土改性的GB-bent的化学结构表征

● 氧原子　　● 氮原子　　● 碳原子　　● 氢原子　　● 硅原子
—— 天然的膨润土　　—— 萌化的膨润土　　—— 衍生的膨润土

功能改性之后，697cm^{-1}，732cm^{-1}及457cm^{-1}处的特征峰主要由平面外环中的C—H和苯基环中C=C的拉伸振动造成。位于1720cm^{-1}处的带归因于酯中羰基的拉伸振动，1163cm^{-1}处的峰则表示C—O—C基团的拉伸振动，为甲基丙烯酸苄基酯的特征峰显示，表明膨润土表面已成功构造甲基丙烯酸苄基酯的聚集体。与此同时，根据X射线衍射分析，随着初始官能团的生长，蒙皂石晶体层间距膨胀约45.70%，增长至21.35Å。

进一步分析，生长的膨润土在氮气气氛下加热，以确定表面生长分子链的热稳定性，如图3-7(d)所示。从天然膨润土的热失重曲线可看出，在热重加热温度约200℃，试样燃烧存在微弱的吸热峰，这主要是由于膨润土微孔结构中存在少量残余强吸附水。

另外，从热失重曲线还可进一步分析，在393℃及657℃两处均存在显著的吸热峰，这主要是由于膨润土晶体结构中的结合水与表面羟基热分解造成的。

特别是从胺化后的膨润土的热失重曲线可看出，改性后的膨润土的初始热分解峰位于340℃，该现象主要归因于接枝烷基硅烷的热分解。

随着温度进一步提高，第二阶段的质量损失为12%，质量损失温度点为550℃，这主要归因于烷基胺主链的热断裂。

在功能改性后，有两个显著的质量损失阶段，但是该质量损失为非独立吸热峰，说明接枝分子链为不间断式热断裂。

该双峰形吸热峰位于253~435℃，主要是由于接枝链的酰胺基团优先分解引发。从热失重曲线可以看出，80%的质量损失均位于368℃，这主要是由于BzMA中酯基的快速分解。

在最后的质量损失阶段，吸热带位于435~713℃，质量损失为14%，这分别归功于烷基链和蒙皂石晶胞内羟基的分解。

功能修饰后，有两个明显的质量损失阶段，它们以分离较差的信号出现，表明功能移植物的不间断分解。双峰吸附带发生在253~435℃，由酰胺基团的分解引起。

此外，在双峰带中，最大反应速率为368℃时，质量损失近80%，可归属于BzMA移植物中酯的快速分解。在最终的质量损失阶段，吸热带从435℃扩散到713℃，质量损失为14%，这是由于蒙皂石的烷基链和羟基断裂所致。

第五节 自锁型膨润土的性能测试

一、自锁型膨润土性能测试方法

1. 热响应性测试

测试方法：首先，将1g GB-bent粉末与100mL蒸馏水在室温（30℃）下混合均匀搅拌3h。之后将土浆倒入高温高压老化罐，拧紧罐口盖。之后将其置入高温滚动炉，高温滚动24h。之后，采用马尔文激光粒度仪（Mastersizer, Malvern Panalytical, UK）对热滚后的GB-bent进行颗粒分析，该马尔文激光粒度仪扫描范围为0.02～2000μm。为了验证颗粒的稳定性，实验对每一组样品均测量4次，每次测量间隔为1h。

为了表征颗粒的热稳定性，采用恒温冷却法，以30℃冷却热滚后土浆两周，期间测量颗粒粒径的变化。

为了对比分析GB-bent颗粒微观结构变化，实验吸取热滚后的新鲜土浆并滴在干燥皿上，实验干燥温度与热滚实验的温度一致。最后，实验利用SEM扫描仪观察热滚干燥后颗粒的形貌特征，分析热响应后的形貌特征。

2. 成膜性测试

测试方法：采用高温高压（HTHP）多功能成膜仪模拟不同环境温度制备GB-bent膜。首先，将3g GB-bent粉末充分分散到250mL的蒸馏水中；然后倾倒入高温高压成膜仪釜体中，注入氮气加压至3.5MPa，并升高釜体温度；待温度达到实验温度时，稳定10min，保证釜体与内部液体温度一致；继而打开滤失阀门，测取土浆的滤失量，分析评价GB-bent成膜的有效性。

在膜滤失实验之后，小心倾倒出釜体内的残余液体，将底部GB-bent所成膜取出，并用同等温度的干燥箱去除GB-bent膜上残余的水分；随即，采用氮气吸附法及SEM分别对干燥后的GB-bent膜进行膜孔隙特征分析及二次电子成像；根据氮气吸附与脱附曲线，计算膜的孔隙分形特征与纳米级孔径分布；基于SEM成像灰度值的差异，利用Python软件提取GB-bent膜的微孔径分布及特征。

进一步采用PDE 1700LL/DSA100表面张力测试仪（KRUSS，德国）对膜表面亲疏水性进行探究。采用全自动滴液管向膜表面滴入0.2mL蒸馏水，同时开启高清数码摄像仪记录水滴与膜表面的接触图像并计算相应的接触角，以评价膜的亲疏水性。

3. 防塌性测试

1）GB-bent的防塌抑制性测试

页岩气是我国重要的能源来源，我国页岩气主要富集于四川盆地与新疆盆地。尤其四川盆地页岩的膨润土含量较高，富含蒙皂石及伊利石水敏性矿物，常发生水化崩塌，造成井眼坍塌。针对这一情况，实验中选取5g干燥的纯净蒙脱土，置入圆柱形岩心压制模具，以15MPa压制岩心。压制后的人造岩心被置入高温高压CPZ-Ⅱ膨胀记录仪，待仪器温度达到实验温度（130℃，140℃，150℃）后，根据API压差标准，以3.5MPa氮气压入10mL GB-bent土浆，继而以高分辨$2s^{-1}$自动记录人造岩心16h线性膨胀高度变化。

2）GB-bent防塌液滤失性及其对页岩结构影响的分析

实验页岩钻采自四川盆地南部的龙马溪组，钻采深度为2500～2800m。首先，为了评价 GB-bent 膜对页岩的影响，将页岩按照高温高压滤失仪内径大小，进行精细激光切割，切割后的岩心片直径为 50mm，厚度为 5mm。实验过程中，岩心片被优先安置在滤失仪底部，继而注入 250mL 的 GB-bent 土浆，实验温度按照 GB-bent 响应温度进行设定，实验压力为 3.5MPa。

相互作用 30min 之后，将收集底部岩心片并将其进一步切割，采用 SEM 对其纵剖面进行直接孔隙结构观察，以分析评价 GB-bent 对页岩结构的影响。

3）GB-bent 防塌液对页岩力学性能影响的分析

实验采用 MFT-4000 多功能材料表面测试仪对膜作用后的页岩片进行力学特征分析。MFT-4000 多功能材料表面测试仪由中国科学院兰州物理化学研究所研发，实验过程如下：采用圆锥形金刚石压头（尖端半径为 0.1mm，圆锥角为 140.6°），压入膜表面，根据压痕加载与卸载曲线，判断页岩片的力学特征。实验参数：载荷加载速率为 10N/min，最大加载载荷为 20N，以加载速率 10N/min 进行表面压入，同时自动记录压入深度与载荷的关系曲线。

二、成膜结构数值化及模拟

为了更为有效地评价防塌液的成膜性与致密程度，采用 Python 软件对成膜结构进行数值化计算与模拟；基于膜成像的灰度大小，提取膜结构信息，计算膜孔隙度、膜孔径、膜维度等关键信息，定量化评价防塌液的成膜性能；基于提取的膜结构信息，进一步利用 OSTU 大律法二值化膜结构。

OSTU 大律法二值化：

统计整个图像的直方图特性，实现全局阈值 T 的自动选取，算法详细步骤为：

（1）计算图像的直方图，即图像的像素点按 0～255 共分为 256 个 bin，然后统计落在每个 bin 的像素点数。

（2）归一化直方图，即将每个 bin 中像素点数量除以总像素点数。

（3）设置参数 i，i 表示分类的阈值，即一个灰度级，迭代从 0 开始。

（4）统计 0～i 灰度级的像素（此过程假设像素值在此范围的叫做前景像素）占整幅图像的比例为 w_0，并统计前景像素的平均灰度 u_0；统计 i～255 灰度级的像素（假设像素值在此范围的像素叫做背景像素）所占整幅图像的比例为 w_1，并统计背景像素的平均灰度 u_1。

（5）计算前景像素和背景像素的方差 $g=w_0 \cdot w_1 \cdot (u_0-u_1)(u_0-u_1)$。

（6）设置 $i=i+1$，转到上述第（4）步，直到 i 为 256 时结束迭代。

（7）将最大 g 相应的 i 值作为图像的全局阈值。

最后，根据计算的二值图进一步进行图像分析与三维重构。

第六节 GB-bent 的热响应行为

一、温度对 GB-bent 颗粒粒径的影响

为了探究自锁膨润土颗粒的热响应行为，本章联合颗粒分析、扫描电子显微镜及能谱分析对不同温度作用后的 GB-bent 进行粒径分析。

图 3-8 为 GB-bent 经不同温度作用后的粒径变化。

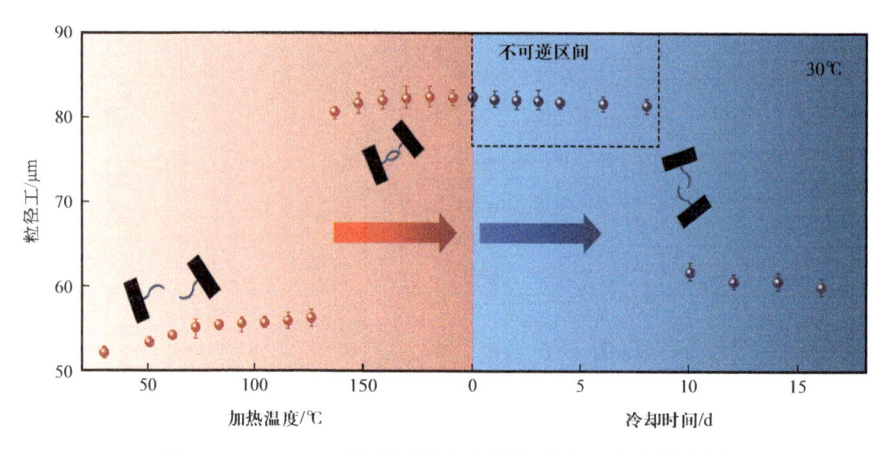

图 3-8　GB-bent 粒径随温度变化及其冷却稳定性分析

从图 3-8 中可以看出，GB-bent 粒径变化主要分为五个阶段，分别为潜伏阶段、响应阶段、稳定阶段、坍塌阶段及衰退阶段。

潜伏阶段温度区间为 30~120℃，GB-bent 颗粒粒径随着温度升高缓慢升高，该阶段不涉及显著的化学反应，主要为范德华热运动驱动，提高了颗粒间相互碰撞的可能性，同时提高了膨润土结构生长的分子链相互作用的可能性，有利于疏水性烷基链相互缔合，构建弱氢键作用。

二、热响应前后 GB-bent 颗粒的变化

首先，本节联用 SEM 成像与粒度分析仪对比分析了天然膨润土颗粒与 70℃热滚后的 GB-bent 颗粒的微观结构与粒度分布。

图 3-9 为天然膨润土的 SEM 成像及粒径分布，天然膨润土颗粒为层状堆积结构，分散良好，该状态下膨润土层状结构未完全剥离，层状结构表面平整光滑，粒径尺寸在 30μm 左右。

进一步采用纳微米激光粒度仪对膨润土颗粒粒径进行多次分析，基于四次粒径分析结果，天然膨润土颗粒的平均粒径为 32.40μm，误差上限为 0.33μm，误差下限为 0.37μm。

上述结果表明了天然膨润土颗粒的结构单一，颗粒形状与大小规律性强。然而，改性后的 GB-bent 颗粒则与天然膨润土颗粒粒径分布显著不同，如图 3-10 所示。

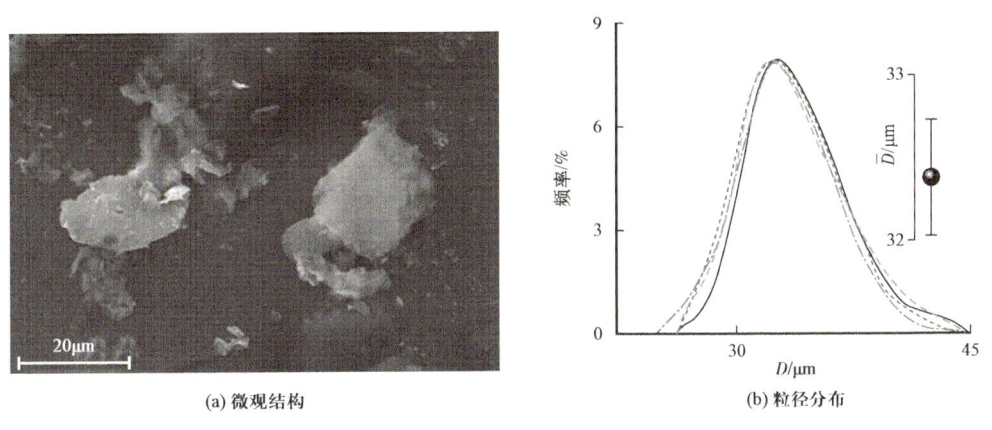

(a) 微观结构　　(b) 粒径分布

图 3-9　天然膨润土颗粒的微观结构及粒径分析

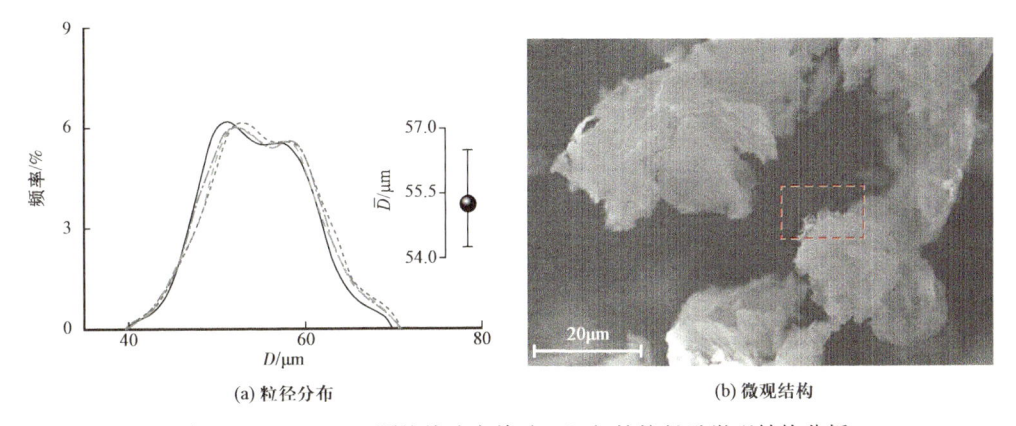

(a) 粒径分布　　(b) 微观结构

图 3-10　GB-bent 颗粒热响应前（70℃）的粒径及微观结构分析

GB-bent 颗粒的粒径分布表现为双峰形，同时平均颗粒粒径增大 70.40% 至 55.21μm。这一方面是由于膨润土结构表面生长的柔性分子链致使颗粒粒径增大；另一方面则是由于温度升高使得颗粒间相互联结的可能性增加。

与天然膨润土相比，改性后的 GB-bent 层间结构胀大，这主要是由于 GB-bent 颗粒层间分子链的聚合所造成，颗粒整体几何尺寸显著增大；另外，接枝改性的膨润土表面构象维度也被观察到显著增加，主要是因为表面自由生长的绒状聚合体增加了二维结构的复杂性。

为了进一步验证该柔性接枝结构的构成，同步采用能谱分析仪对表面生长结构进行元素分析，并基于表面元素成分进行分子模拟分析，如图 3-11 所示。

由图 3-11 可见，Si、C、N 及 Br 等特征元素清晰分布，根据 C、N、Br 元素的分布及 MS 分子模拟软件的描述，结构表面聚合的分子链呈舒展态的支链植生在硅基蒙皂石片层的结构表面。

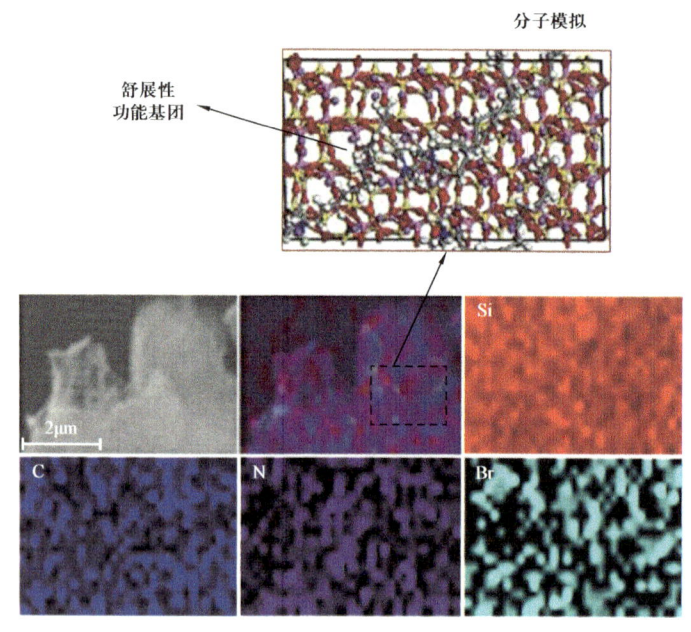

图 3-11 GB-bent 接枝结构描述及组成分析

根据能谱元素分析（图 3-12），C、N、Si 及 Br 的相对质量百分数为 50.96%，3.28%，38.02% 及 7.73%，说明该柔性接枝结构主要由接枝分子链复合蒙皂石硅基晶胞而构成。通过分子模拟进一步对该复合结构进行解释，接枝分子链主要基于硅基晶胞的表面活性位点进行原位复合，构建了功能化的硅基晶胞结构。

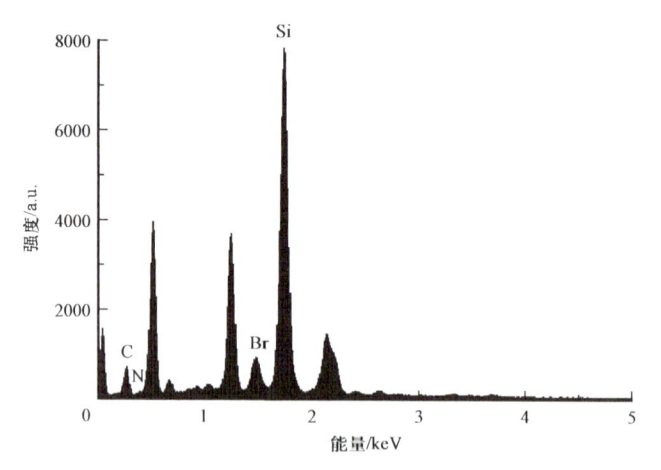

图 3-12 GB-bent 接枝结构的元素组分分析图

三、热响应后 GB-bent 微观结构分析

随着温度进一步上升，粒径分布由响应前的双峰转变为单峰（图 3-13），粒径分布向右端移动，与热响应前粒径分布相比，响应后的颗粒粒径显著增加，平均粒径为

80.65μm，增长幅度为46.07%。该阶段的粒径激增行为验证了分子间的热缔合作用，其分子间的结合归属于化学驱动。

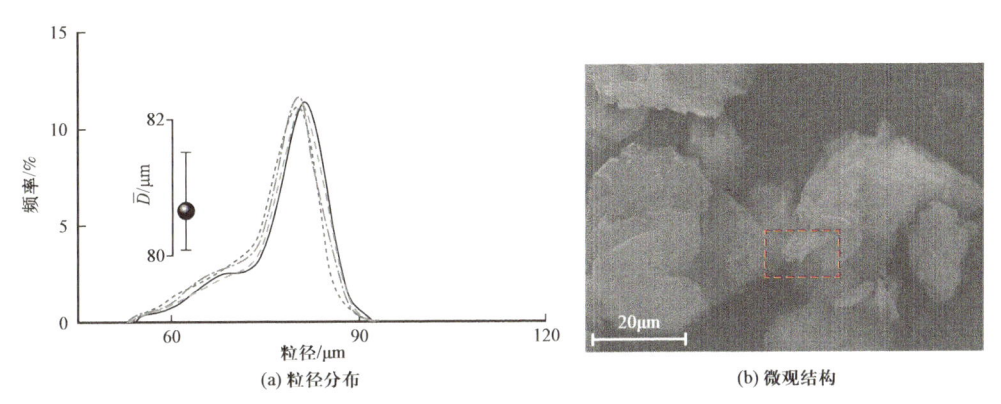

图3-13 GB-bent颗粒热响应后（130℃）的粒径及微观结构分析

另外，通过SEM扫描成像，可以观察到热响应后的GB-bent颗粒相互紧密捆绑在一起。同时，探究中发现裸露的片层结构上的分子链聚集体倒塌在层状结构表面，未呈现出响应前簇生的绒状结构，该分子链倒塌行为主要是由于表面生长的分子链聚集体受热疏水缔合所造成。

进一步采用能谱分析法对该结构进行元素分布描述，由图3-14可见，Si、C、N及Br等特征元素清晰分布。与热响应前不同，热响应前C、N及Br特征元素均匀分布在硅基生长材料的表面，而响应后的接枝分子链的特征元素C、N及Br集中汇聚在扫描区间的左上角，这一现象验证了表面生长分子链的热缔合作用。

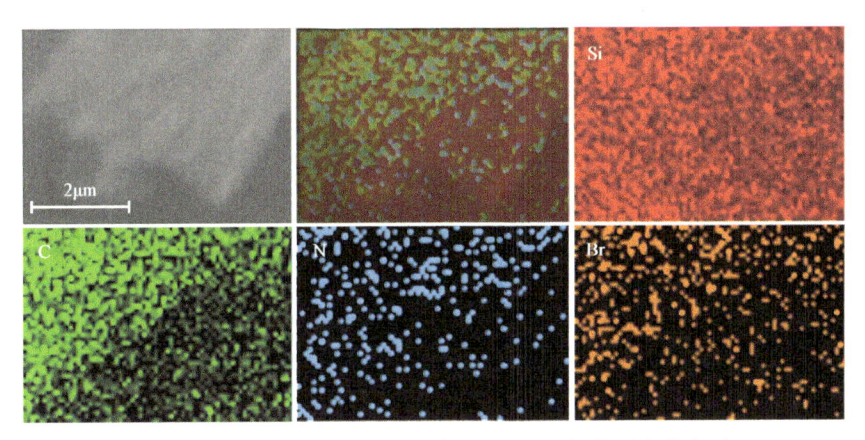

图3-14 GB-bent颗粒热响应后（130℃）的元素分布图

另外，根据元素分析谱图（图3-15），C、N、Si及Br的相对质量百分数分别为75.65%，4.59%，15.23%及4.53%。与热响应前的元素分析谱图相比，单位扫描面积的C、N元素含量分别增加48.45%与39.94%，这一结果进一步验证结构表面生长分子链的受热缔合作用。这里，GB-bent热响应的分子链聚集主要是由于层表面分子链的疏水性基团

—51—

（此处疏水性基团为甲基丙烯酸苄酯）受热缔合所致。

单位结合面积的疏水基比例增加，从而形成疏水性自锁结构。

C、N、Si 及 Br 的相对质量百分数为 75.65%，4.59%，15.23% 及 4.53%，说明该柔性接枝结构主要由接枝分子链复合蒙皂石硅基晶胞而成。

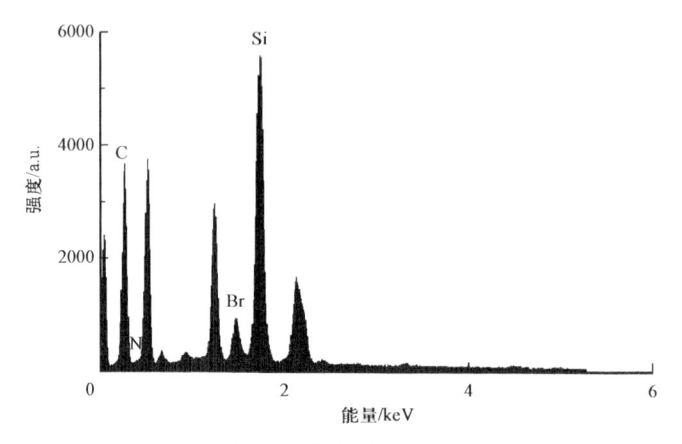

图 3-15　GB-bent 颗粒热响应后（130℃）的元素分布谱图

实验结果表明，随着温度进一步升高，GB-bent 颗粒粒径无明显变化，即使升温至 180℃，紧接着对 GB-bent 颗粒进行室温（30℃）冷却，冷却一周内均未检测到粒径明显变化。因此，将该段区间命名为稳定阶段。其中，GB-bent 颗粒在冷却阶段的恒定行为，展现出传统热响应所不具备的热响应稳定性，即降温不可瞬时逆转，故将其命名为不可逆阶段，以体现 GB-bent 颗粒的热响应稳定性。该不可逆的热响应稳定行为有利于非常规高温页岩储层工程钻探，具有较强的工程应用潜力。

四、冷却后 GB-bent 的微观结构分析

当冷却时间达到 8d 时，检测到颗粒粒径显著减小，该阶段为缔合坍塌阶段，如图 3-16 所示。

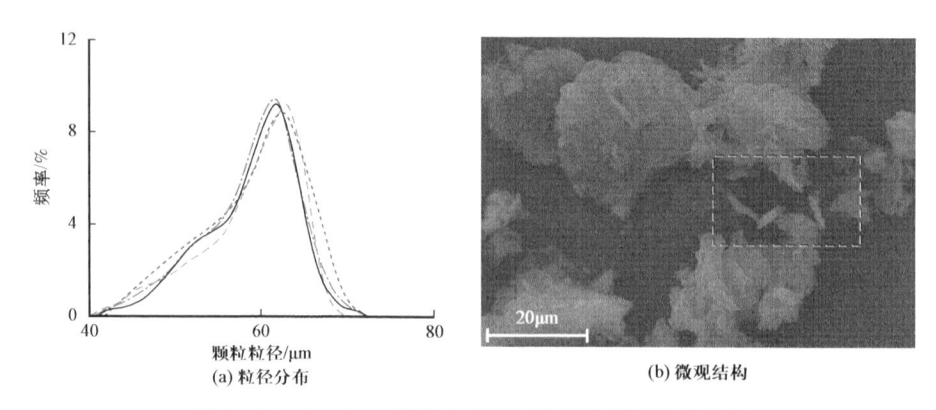

(a) 粒径分布

(b) 微观结构

图 3-16　GB-bent 颗粒冷却后的粒径及微观结构分析

坍塌后 GB-bent 颗粒的粒径分布为单峰分布，与稳定阶段的 GB-bent 颗粒相比，该阶段颗粒的粒径分布峰向左移动，平均粒径减少 23.30% 至 61.81μm。根据颗粒冷却坍塌后的微观结构图，可以看到冷却坍塌后颗粒间缔合结构被打断，相互纠缠捆绑的 GB-bent 颗粒又被重新分散，而结合杂化颗粒的坍塌通常是由杂化颗粒间的临界结合能量决定，而这里 GB-bent 颗粒的坍塌行为则主要是颗粒间缔合能量随着冷却时间增加而逐渐耗散并已低于颗粒结合的临界能量，从而使得杂化结合颗粒由结合态转变为分散态。

综上所述，随着冷却时间进一步增加，根据 SEM 图与粒径分析结果，GB-bent 颗粒粒径无明显变化，说明结合能量已基本耗尽，低于胶粒临界结合能，GB-bent 颗粒进入休眠期。

第七节 GB-bent 的成膜性能及数值分析

一、天然膨润土的成膜分析

首先，按照 API 标准，采用传统的高温高压滤失仪常温 3.5MPa 下压滤传统膨润土基浆（膨润土含量为 3%）。天然膨润土所成膜结构如图 3-17 所示，从微观扫描电镜可看出成膜为多孔的层状堆积结构，孔隙结构为多孔的大孔隙结构，膜孔隙多为微米级孔径。因此，传统膨润土所成膜难以形成阻水作用。

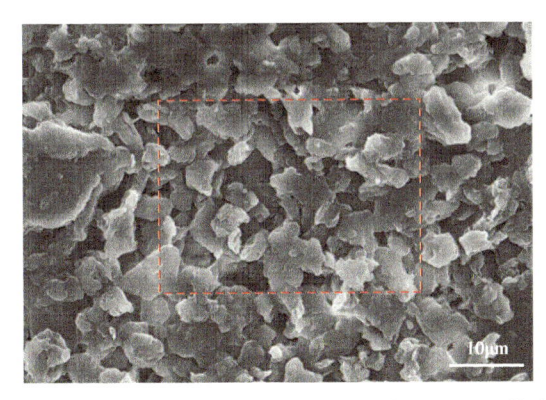

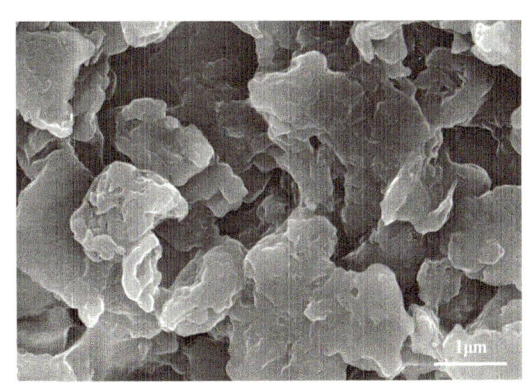

图 3-17 天然膨润土成膜结构图

为了进一步生动形象地描述膜孔隙结构，利用 Python 软件基于孔隙与膜结构的灰度差异，刻画孔隙结构，如图 3-18 所示。

图像处理模量为 125.004 像素 /μm，孔隙扫描范围为 0 到无穷大，圆度为 0~1，共计识别到孔隙数 1218 个；孔隙置信度为 98%，计算出孔隙总面积为 8.03μm^2。因此，可以进一步得到二值化后的孔隙结构，如图 3-19 所示，并计算出膜表面孔隙度为 13.61%，孔隙度计算公式如下：

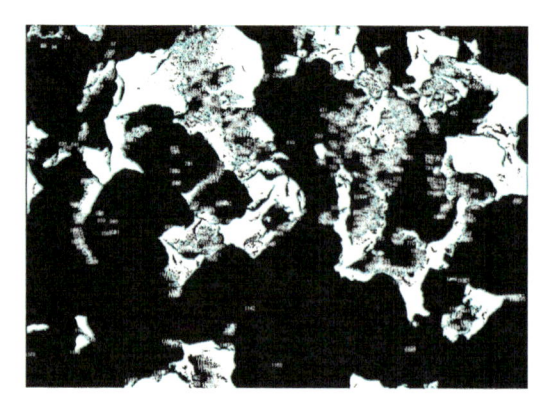

图 3-18　基于 Python 软件的天然膨润土孔隙识别与编码

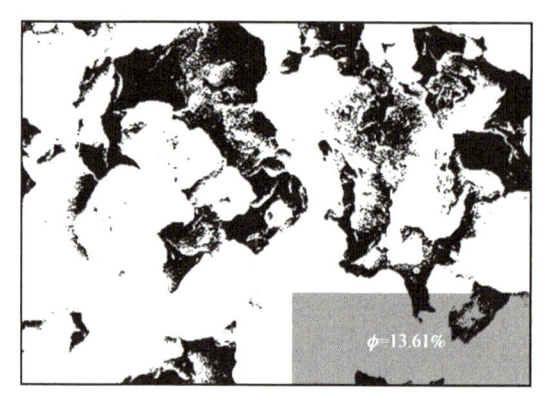

图 3-19　天然膨润土膜孔隙的二值化表征图

$$\phi = \frac{S_{\text{pore}}}{S_{\text{o}}} \times 100\% \quad (3-6)$$

式中　S_{pore}——膜孔隙面积，μm^2；
　　　S_{o}——膜的总面积，μm^2；
　　　ϕ——膜的孔隙度，%。

进一步引入 Feret 法则，以刻画不规则孔隙的几何形状，如图 3-20 所示。

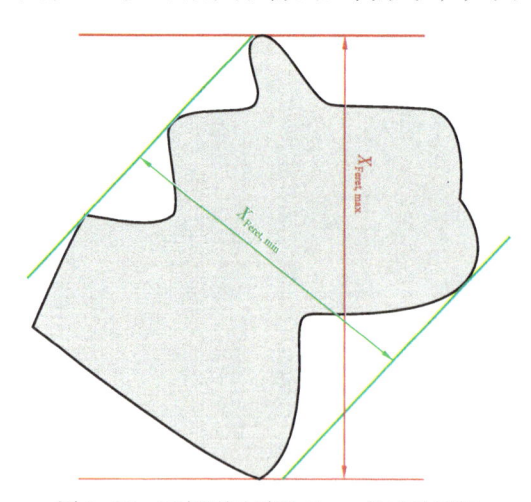

图 3-20　不规则孔隙的 Feret 描述法则图

Feret 直径不是一个实际意义上的直径，而是一组直径的共同组合，它从不规则孔隙轮廓的两个切线的距离出发。一般来说，它被定义为孔隙在任意角度下的两个平行切线之间的距离。实际上采用最小直径和最大直径来进行孔隙刻画，其中最大 Feret 直径通常用于筛分分析。同样地，这里以最大 Feret 直径作为膜孔径直径，以更加准确地描述膜的流通性能。

经计算，天然膨润土所成膜的 Feret 孔径分布如图 3-21 所示。从图 3-21 中可以看出,天然膨润土膜孔径分布不均匀,孔径多为微米级大孔隙。孔隙几何结构不规则,绝大部分孔隙的圆度小于0.5,说明成膜的孔隙结构偏线性椭圆,这主要是由于天然膨润土层状结构不规则堆叠造成的。

(a) Feret孔径分布图

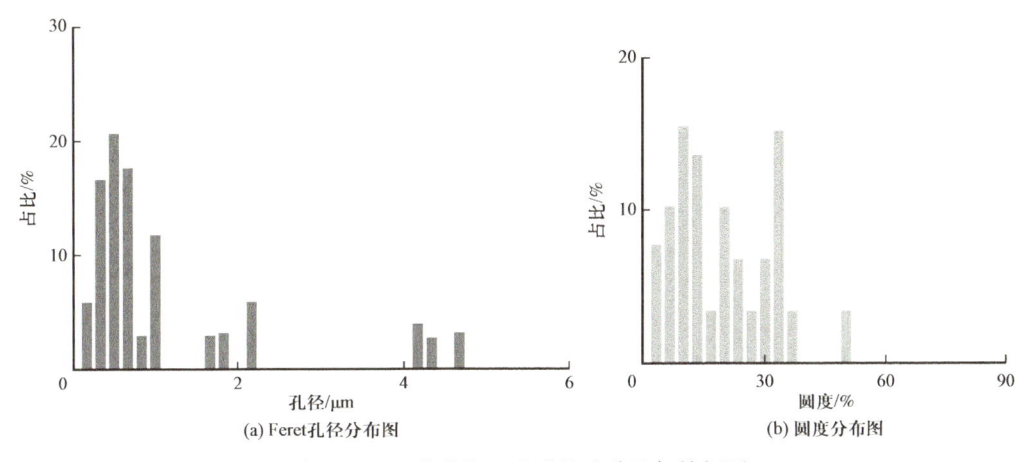

(b) 圆度分布图

图3-21 天然膨润土成膜的孔隙几何特征图

二、热响应前GB-bent的成膜分析

进一步以GB-bent颗粒为原料代替天然膨润土进行成膜实验,成膜温度为70℃,成膜压力为3.5MPa。GB-bent颗粒成膜的微观结构如图3-22所示,与天然膨润土成膜相比,GB-bent颗粒成膜的孔隙显著减小,无明显的大孔隙。但孔隙结构仍然十分明显,分布广泛。另外,膜结构表面清晰可见大量簇生的绒状接枝结构,在膜结构外表面形成开放的三维空间网络结构,该结构有利于进一步形成空间屏障。

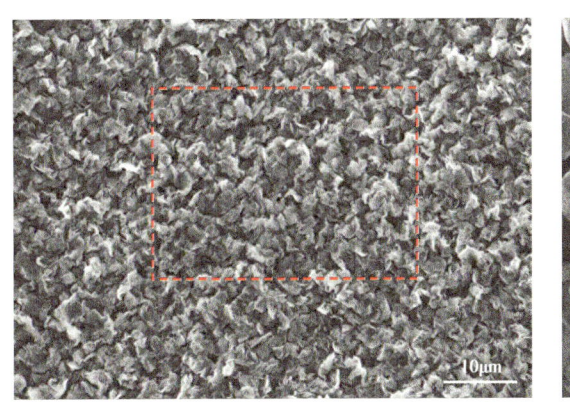

图3-22 热响应前GB-bent颗粒成膜微观结构图

基于GB-bent成膜的SEM成像,进一步以Python计算膜孔隙结构,基于孔隙灰度差异,共识别到1244个有效孔隙,如图3-23所示。孔隙结构识别参数与天然膨润土孔隙识别参数一致。计算到的有效孔隙面积为3.94μm^2,有效孔隙度为6.97%。

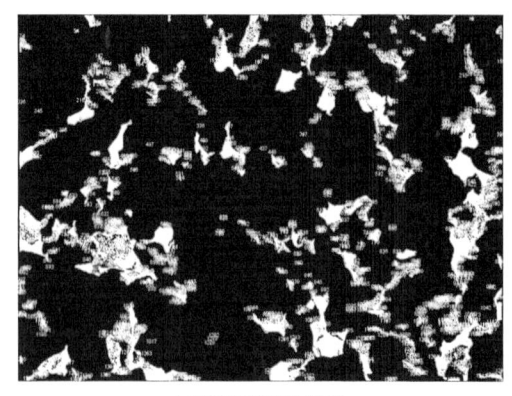

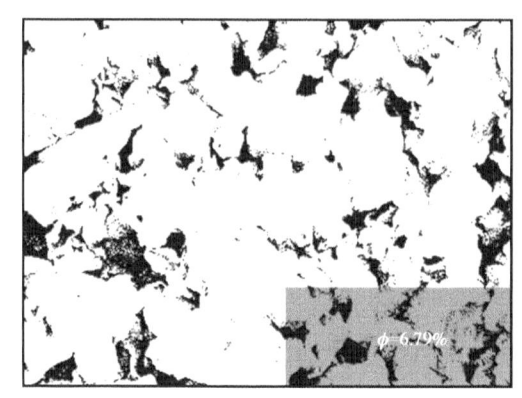

(a) 膜孔隙识别与编码　　　　　　　　　(b) 膜孔隙的二值化图

图 3-23　基于 Python 软件的孔隙识别与计算结果图

基于 Feret 法则，GB-bent 成膜的孔径分布与圆度描述如图 3-24 所示。

(a) Feret 孔径分布图　　　　　　　　　(b) 圆度分布图

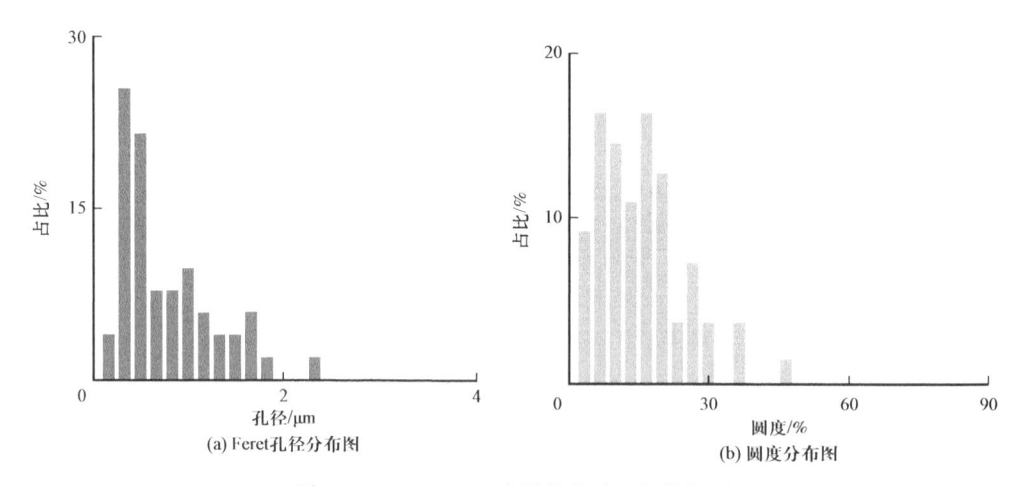

图 3-24　GB-bent 成膜的孔隙几何特征图

由图 3-24 可以看出，GB-bent 膨润土膜孔径分布集中，与天然膨润土成膜相比，无显著的大孔隙。孔隙直径集中分布在左端，与天然膨润土成膜相比，大孔隙所占比例显著减小，平均孔径减小至 0.77μm，说明表面接枝生长的成功。

然而，GB-bent 膜孔隙的圆度值均较小，主要集中分布在 12% 附近，说明孔隙几何形状不规则，椭圆度较高，这与接枝结构的不规则生长有关。

三、热响应后 GB-bent 的成膜分析

采用传统的高温高压滤失仪，实验温度 130℃，压差 3.5MPa，热响应后的 GB-bent 成膜结构如图 3-25 所示。与响应前 GB-bent 成膜显著不同，热响应后 GB-bent 成膜的三维空间网络结构倒塌，膜结构表面为紧密缔合的层状结构，膜结构的孔隙度有效降低。这是因为层表面生长的分子链受热缔合，拉紧了膨润土片层的距离，降低了膜结构孔隙度，形成自锁型屏障结构。

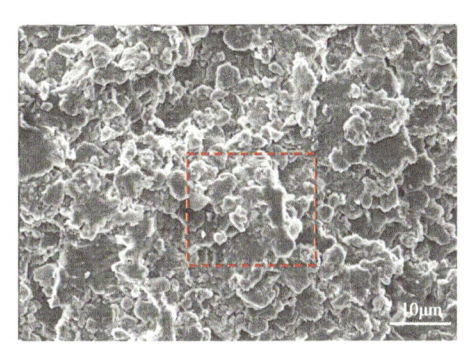

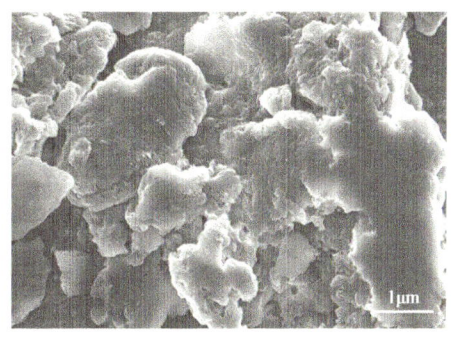

图 3-25 热响应后 GB-bent 成膜的微观自锁结构图

采用 Python 计算的孔隙结构图如图 3-26 所示。由图 3-26 可见，热响应自锁后的 GB-bent 成膜孔隙度有效降低，有效孔隙度为 0.31%，降低幅度为 95.43%。

(a) 膜孔隙识别与编码　　(b) 膜孔隙的二值化图

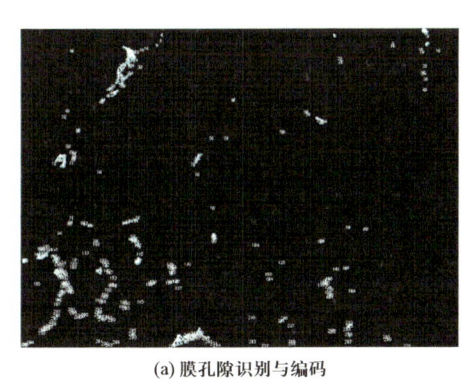

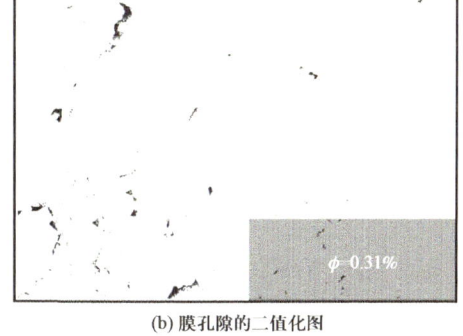

图 3-26 基于 Python 软件的孔隙识别与计算结果图

根据计算的孔隙二值化图，进一步依据 Feret 法则计算了孔径分布与圆度分布，计算结果如图 3-27 所示。由图 3-27 可见，孔隙粒径及圆度分布均集中于左侧，平均孔径减少 64.93% 至 0.27μm，孔径属于纳米级范围，孔隙结构属于线性椭圆模型。

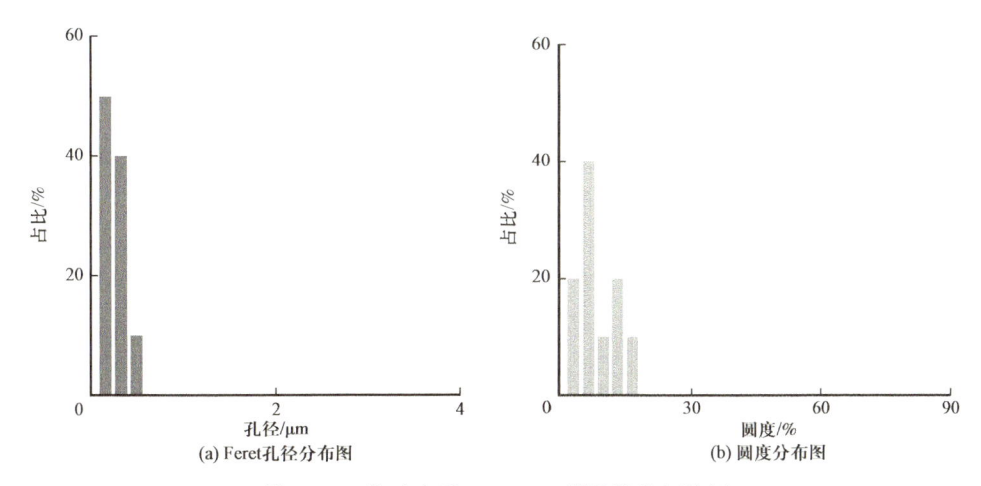

(a) Feret 孔径分布图　　(b) 圆度分布图

图 3-27 热响应后 GB-bent 膜孔隙几何特征

四、GB-bent 膜的孔结构分析

液氮吸脱附法是研究分子筛及纳米级微孔的有效手段，主要基于不同平衡气压（对应不同孔径）下吸附介质对吸附质的吸脱附量，从而判断孔径分布、孔径类型、孔维数及孔体积等。本节进一步采用颗粒表面吸附仪对天然膨润土（OM）成膜、响应前 GB-bent 膜及响应后 GB-bent 膜进行孔结构分析，根据不同平衡压力条件下液氮的吸附与脱附曲线，探究膜的孔径分布及吸附量，甚至膜的孔结构维数。

1. 天然膨润土成膜的孔结构分析

天然膨润土（OM）膜的液氮吸脱附曲线如图 3-28 所示，由图 3-28 可以看出，OM 膜对液氮吸附随着平衡气压升高逐渐升高，增长曲线类型为"～"型增长，该增长的过程可概分为三段，第一阶段为引发阶段，平衡气压范围为 0～0.1，液氮吸附量增长较快，主要为分子表面的吸附；第二阶段为平衡阶段，平衡气压范围为 0.1～0.9，该阶段的液氮吸附量增长较为缓慢，主要为膜结构中介质孔的吸附，因此需要较长的过程来连通分散的孔隙；第三阶段为激增阶段，平衡气压范围为 0.9～1.0，该阶段液氮吸附量进一步激增且呈指数型上升趋势，主要为膜结构中大孔的吸附。

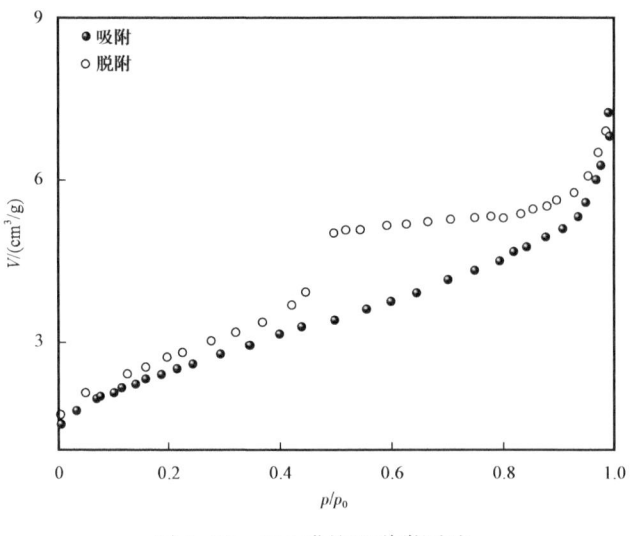

图 3-28 OM 膜的吸脱附测试

进一步结合经典的开尔文吸附模型，计算不同平衡压对应的膜孔径，从而得到不同孔径下的液氮吸附量。

开尔文孔径计算公式如下：

$$\ln\frac{p}{p_0} = \frac{2\gamma V_\mathrm{m}}{rRT} \tag{3-7}$$

式中 p——实验环境下的蒸汽压；

p_0——实验环境下的饱和蒸汽压；

γ——界面张力；

V_m——液氮的摩尔体积；

R——通用气体常数；

r——接触相的半径；

T——吸附实验的环境温度。

由此得到的液氮吸附分布如图 3-29 所示。

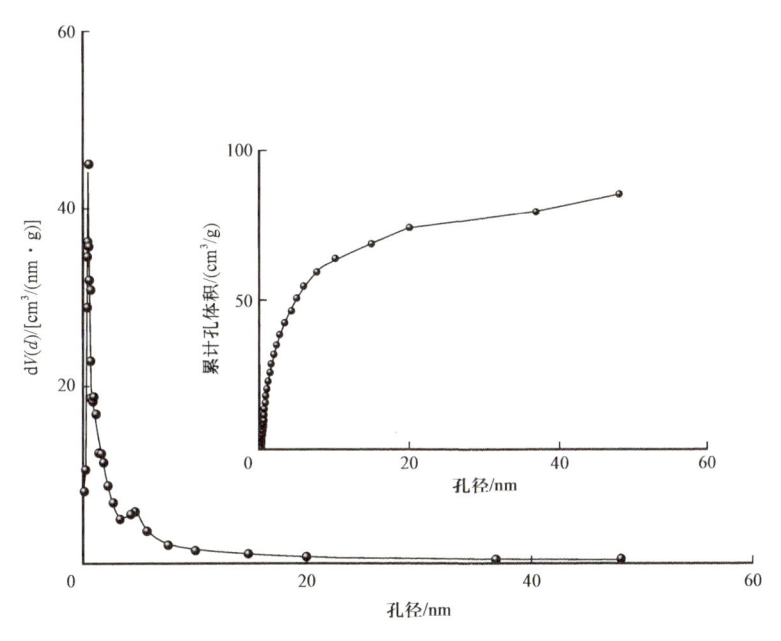

图 3-29 OM 膜的孔径分布及孔体积累计曲线

由于受平衡气压的限制，液氮吸脱附法只能分析纳米级孔隙，测量的孔径范围为 0～45nm，在该范围区间上，OM 孔径主要集中分布于 0～20nm 之间，最大累计孔体积为 83cm³/g。

而结合液氮的脱附曲线则可描述孔隙的结构及孔隙的维数，根据 OM 膜的脱附曲线，可以得知 OM 膜的孔结构可以概分为两个区间，分别为平衡压力 0～0.5 的低压区间及 0.5～1.0 的高压区间。

根据国际纯粹与应用化学联合会（IUPAC）的分类标准，OM 膜的吸脱附曲线的滞回环属于 H3 型，进一步表明 OM 膜孔隙以分形椭圆孔和间隙孔为主。根据 Frenkel-Halsey-Hill（FHH）法，孔隙的分形孔维数可以通过公式（3-8）和公式（3-9）计算：

$$\ln(V) = \text{constant} + A\ln\left[\ln\left(\frac{p_0}{p}\right)\right] \quad (3-8)$$

$$D = A + 3 \quad (3-9)$$

式中　　D——分形维数；
　　　　A——$\ln(V)$ 与 $\ln[\ln(p_0/p)]$ 的斜率；
　　　　V——平衡压力 p 下吸附液氮的体积，m^3；
　　　　P_0——给定实验温度下，氮气的饱和压力，MPa。

计算结果如图3-30所示，其中低压区间 D_1 计算值为2.78，高压区间 D_2 计算值为2.64，根据平衡气压与孔径的对应关系，D_1 为孔表面分形参数，主要体现孔表面的粗糙度，而 D_2 则为孔结构分形的描述，主要体现孔结构的复杂程度。

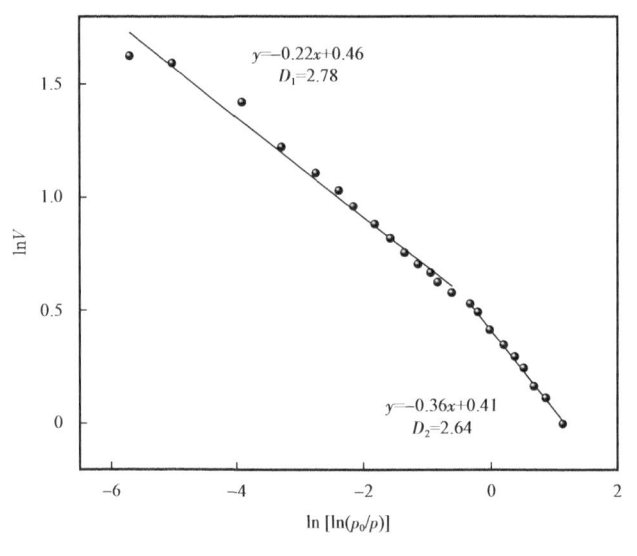

图3-30　OM膜结构的维度分析图

2. 热响应前GB-bent成膜的孔结构分析

相应地，响应前GB-bent膜的吸脱附曲线与孔径分布曲线如图3-31所示。根据吸脱附曲线，与OM膜显著不同，GB-bent膜的吸附孔径仍主要集中于0～20nm之间，但该测量范围下的GB-bent孔隙的累计体积进一步被减小48.3%，这说明GB-bent孔隙体积被有效地降低了，这主要是由于GB-bent表面接枝的分子链有效填充了部分孔隙空间。

另外，从维度分析曲线可以进一步判断GB-bent膜结构的变化，如图3-32所示 GB-bent膜孔结构仍可分为低压区与高压区。但与OM膜不同，实验表明GB-bent膜的拟合 D_2 值由2.64降至2.56，这一结果表明GB-bent膜的孔结构杂化度小于OM膜的杂化度，也就是说天然膨润土成膜的孔结构维度随着功能改性被有效降低，进一步说明了层状结构表面接枝的分子链有效地填充了部分空余孔隙。

相反，GB-bent膜孔隙的 D_1 值（2.86）则大于OM膜的 D_1 值（2.78），说明GB-bent膜表面构象比OM膜表面复杂，该结果与SEM成像吻合，这是由于GB-bent膜表面分子链的自由生长使得原本不规则层结构的表面复杂度进一步被提高。

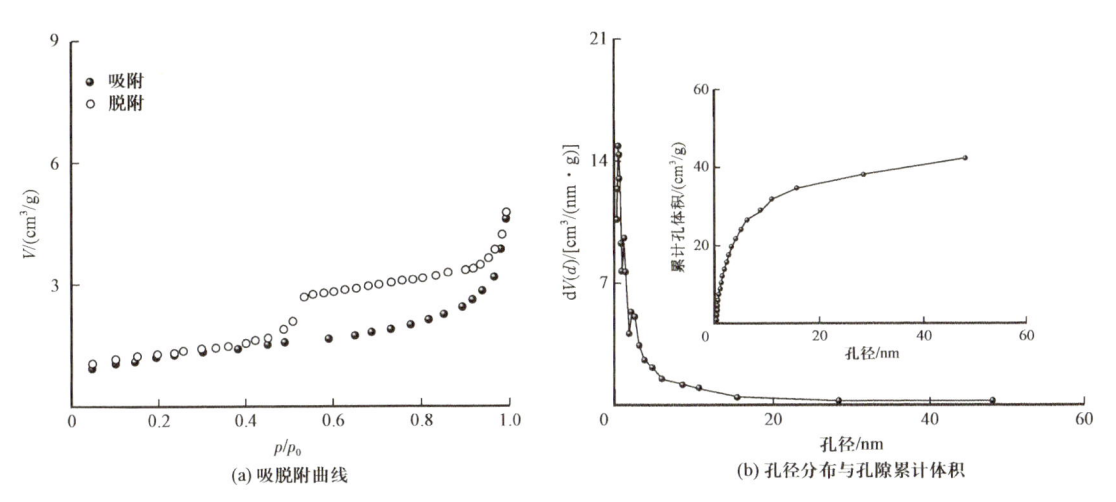

图 3-31 热响应前 GB-bent 膜的吸脱附数据及孔径分布与累计曲线

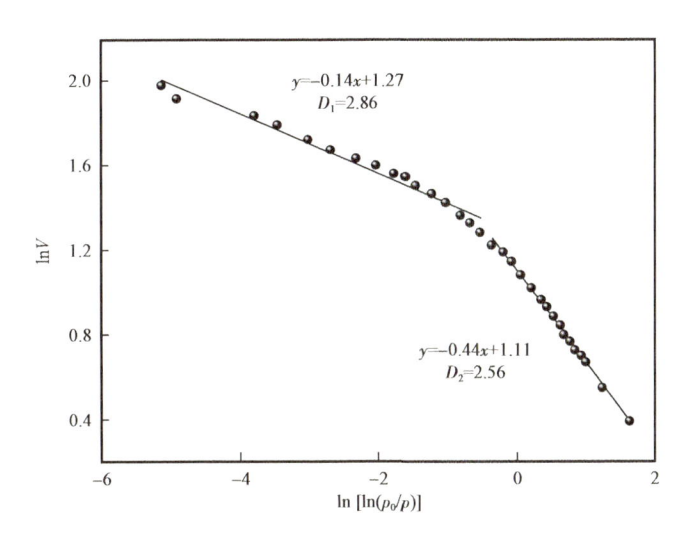

图 3-32 热响应前 GB-bent 膜结构的维度分析图

3. 热响应后 GB-bent 成膜的孔结构分析

另外，基于氮气吸脱附实验，进一步探究响应温度（130℃）作用后，GB-bent 膜孔径维度的变化。与 OM 膜及响应前的 GB-bent 膜不同，响应后的 GB-bent 膜的脱附曲线与吸附曲线基本相一致，这属于单一孔隙介质类型的吸脱附特征，说明膜孔隙结构被进一步填充。

根据开尔文孔径计算模型，计算得到响应后 GB-bent 膜孔径的分布，如图 3-33 所示。同样地，孔径集中分布于 0~20nm 之间，但是孔体积有效降低了 91.3%，此结果证实了 GB-bent 自锁行为对纳米级孔隙的封堵作用。

同样地，根据 FHH 法则对膜脱附曲线进行换算，结果如图 3-34 所示。与之前的多重孔隙结构不同，得到单一线性拟合关系。其中，维度系数进一步减小，维度系数 D 为

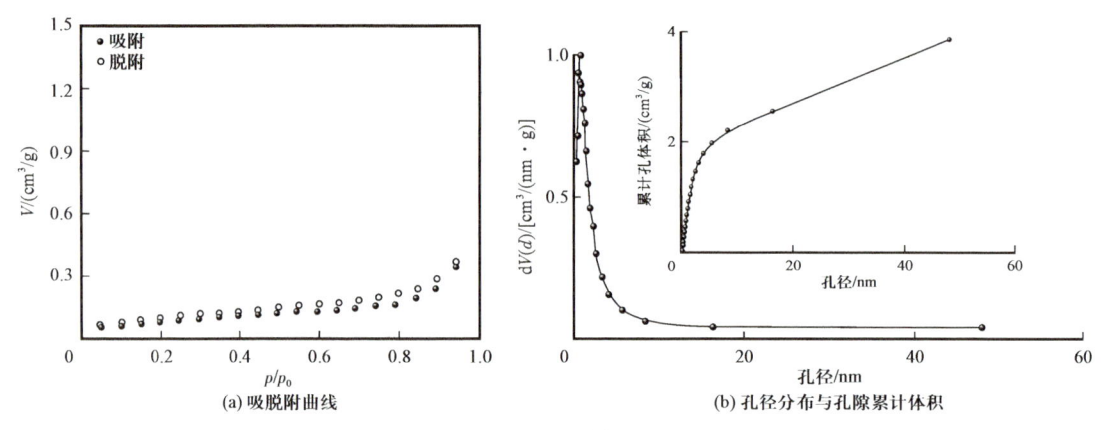

图 3-33　热响应后 GB-bent 膜的吸脱附数据及孔径分布与累计曲线

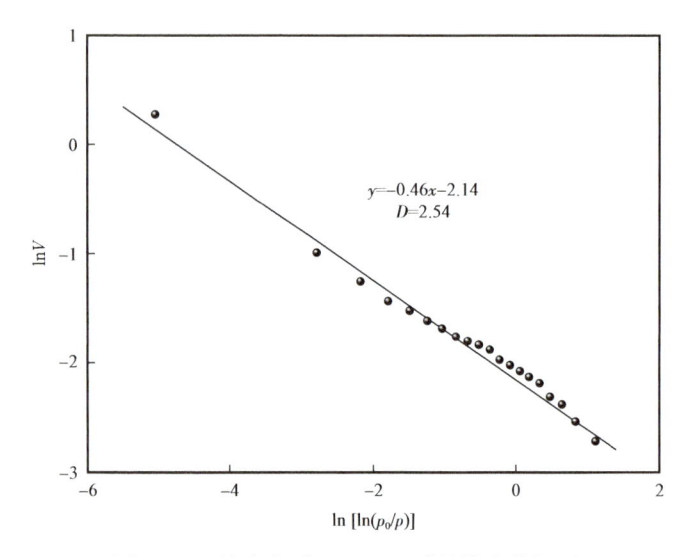

图 3-34　热响应后 GB-bent 膜的维度分析图

2.54。这说明膜孔隙为单一的孔隙结构，膜表面与膜孔隙结构维度系数无明显差异，这符合接枝分子链的坍塌行为。也就是说，热响应后的接枝分子链形成捆绑型聚集体使得膜孔隙与膜表面无显著空间界限，即膜表面与膜孔隙维度系数一致。

第八节　GB-bent 防塌液的防塌性及机理研究

页岩气是我国重要的战略性能源资源，我国的页岩气主要富集于新疆及四川盆地。然而，页岩由于富含水敏型矿物（如：蒙皂石及伊利石），易发生水化垮塌。特别地，在深层及超深层页岩气开发的过程中，常遇地下温度高于 100℃，若黏土水化得不到有效的遏制，将引发不可修复的储层损伤，甚至诱发严重的储层垮塌事故。因此，本章进一步研究分析 GB-bent 防塌液的性能。

一、GB-bent 防塌液的温度响应窗口分析

首先，实验采用清水混合 GB-bent 粉末，配制 GB-bent 防塌液。GB-bent 粉末的加量为 3%，搅拌时间为 12h，保证 GB-bent 充分分散，搅拌温度为实验室温度（30℃）。

进一步采用哈克高温高压流变仪（Grace，M7500），如图 3-35 所示。将测试防塌液倒入测试釜中，设置实验温度为室温至 200℃，设置转动速度为美国石油协会（API）转动速度，压力也为 API 实验压力，监测流体可视黏度随温度的变化情况。

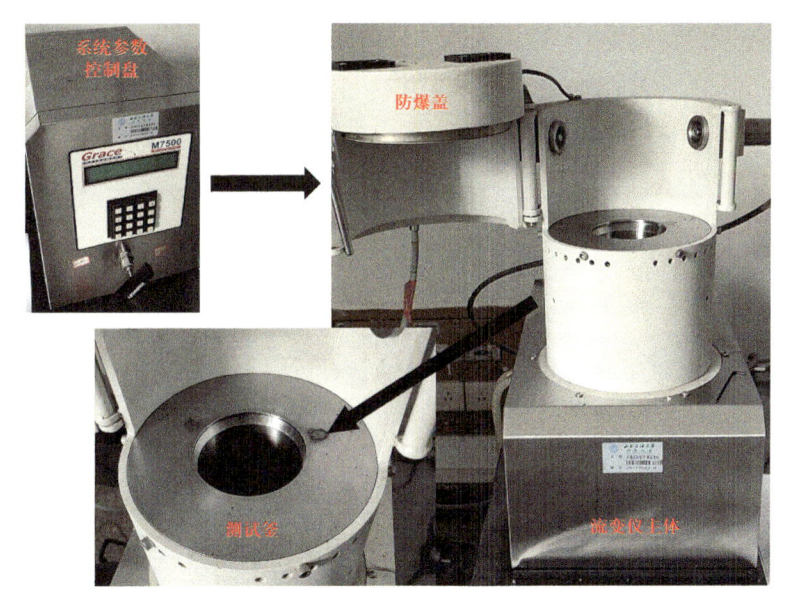

图 3-35　高温高压流变仪

GB-bent 防塌液的高温响应窗口如图 3-36 所示，GB-bent 防塌液的表观黏度变化主要分为三个阶段。

第一阶段，GB-bent 防塌液黏度随着温度升高逐渐降低，这主要是由于颗粒的热分散作用，随着温度升高颗粒热运动加剧，流体的分散性提高。

第二阶段为 GB-bent 温度响应窗口，该窗口温度之下，GB-bent 防塌液黏度激增，这主要是由于颗粒的热缔合作用，使得流体结构强度提高。

第三阶段为过响应阶段，该阶段 GB-bent 防塌液的黏度随着温度上升而缓慢下降，该现象说明了 GB-bent 防塌液的热响应增黏行为的稳定性，而黏度下降则是由于流体热分散作用。

其中，1G，2G，3G 膨润土基浆黏度的响应温度窗口分别为 110～140℃，125～150℃，130～160℃，有利于不同温度条件下的钻井作业。另外，随着 GB 颗粒中甲基丙烯酸（BzMA）含量增加，GB 土浆的黏度也相应增加，这是因为聚合度增加提高了接枝分子链的结构强度，有利于深井作业，携带岩屑。

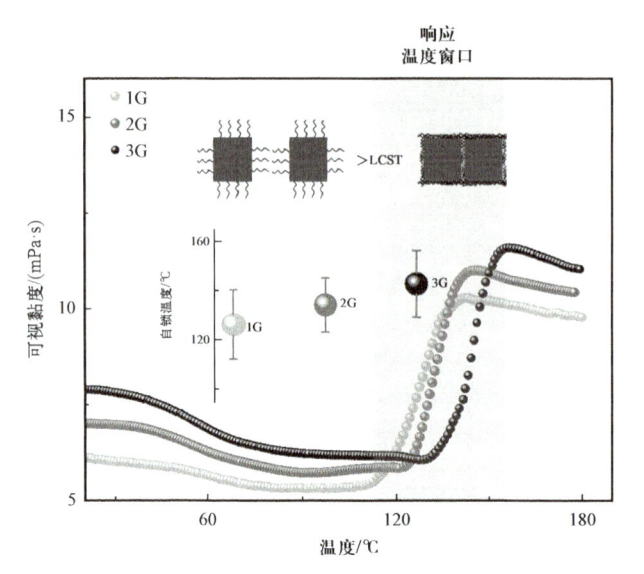

图 3-36　不同实验温度条件下不同类型 GB 土浆的黏度变化

二、GB-bent 防塌液的自锁性及稳定性分析

基于上述 GB-bent 与传统膨润土成膜的差异，本节采用高温高压滤失仪进一步探究 GB-bent 防塌液的高温降滤失自锁性及其稳定性，如图 3-37 所示。

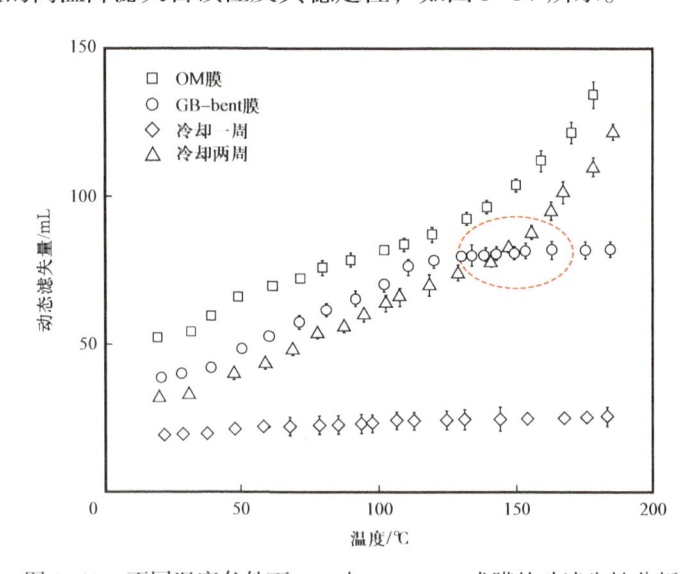

图 3-37　不同温度条件下 OM 与 GB-bent 成膜的动滤失性分析
OM 膜为天然膨润土 OM 成膜在不同实验温度条件下的动滤失量；GB-bent 为热响应膨润土 GB-bent 成膜在不同实验温度条件下的动滤失量；冷却一周与冷却两周分别为热响应后 GB-bent 膜在室温（30℃）冷却一周与冷却两周后测试的滤失量随温度变化

由图 3-37 可以看出，传统膨润土浆的滤失量随着温度升高逐渐升高，且增长趋势逐渐呈指数型增长，说明传统膨润土浆在高温条件下更容易丧失水分，这与分子热力学运动

定律相符。

特别说明的是 GB-bent 膨润土浆滤失量随温度上升而增加,但在高温(130℃)附近存在显著的拐点,之后测得的滤失量趋于 78mL,且之后其不随温度升高而变化,体现出较强的自控性。

为了进一步验证成膜结构的稳定性,停止加热,重新注入清水,室温(30℃)条件下,静置冷却一周;之后再重新加温,实验响应后的 GB-bent 膜随温度变化的滤失量变化。

由图 3-37 可以看出,随着温度升高,测得的滤失量缓慢增加,增长幅度小于 5%。实验结果说明,冷却静置一周后的 GB-bent 成膜结构仍未被破坏,保持原有的封堵性,这主要与聚甲基丙烯酸苄基酯的不可逆的强热缔合作用有关。同样地,实验冷却两周后的 GB-bent 膜的动滤失量变化,如图 3-37 所示。由图 3-37 可以看出,冷却两周后,GB-bent 成膜不再具备有效的封堵性,随着温度增加,测得的滤失量逐渐呈现为指数型增加,说明 GB-bent 防塌液的成膜结构被破坏。这一结果具有重要的工程意义,GB-bent 防塌液成膜的不可逆有效周期拟为一周,为井下复杂钻探的有效作业期。

GB-bent 颗粒的热响应行为主要由 BzMA 决定,通过调配 BzMA 比例,可以得到具备不同热响应温度的 GB-bent 颗粒,从而可应用于保护不同地层温度条件下的易水化页岩地层。实验按照膨润土与 BzMA 加量比例 1:1,1:2,1:3,分别制备了 1G、2G 及 3G 热响应性的 GB-bent 颗粒。实验测得不同热响应 GB-bent 土浆的滤失随温度的变化如图 3-38 所示。

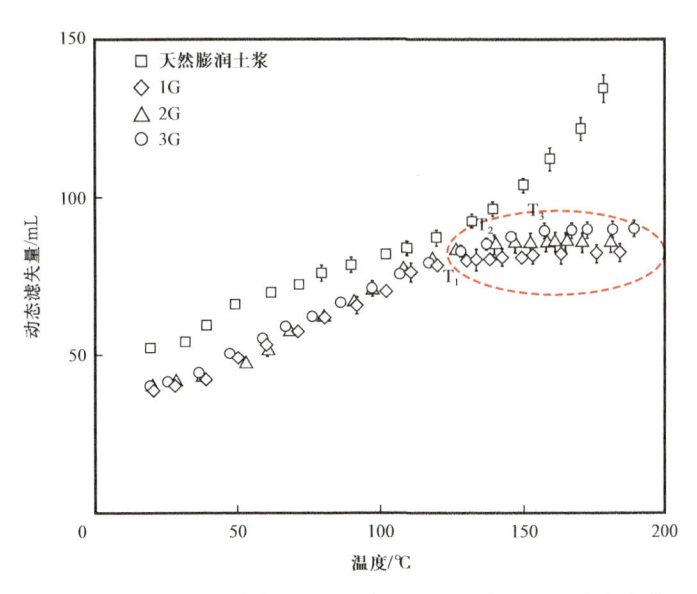

图 3-38 不同温度条件下,不同 GB-bent 防塌液的滤失变化

与天然膨润土浆的滤失行为相比,GB-bent 防塌液的滤失量随温度升高而升高,但其滤失在高温区间可被有效控制,不随温度升高而进一步增大。且其滤失转变点与 BzMA

的加量密切相关。图 3-39 归纳了 1G，2G 与 3G 防塌液的实验滤失拐点 T_1、T_2 及 T_3 分别为 130℃、140℃与 150℃，该拐点即滤失的自锁开关。

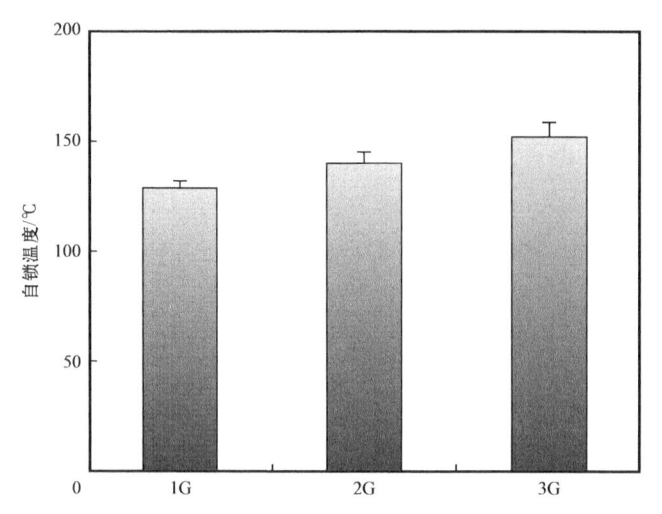

图 3-39　不同 BzMA 单体加量的 GB-bent 防塌液的自锁开关

三、GB-bent 防塌液成膜的亲疏水性分析

上文主要探讨了 GB 土浆的高温转变滤失性，这里对高温刺激响应后的 1G、2G、3G 膜表面的亲疏水性进一步表征，实验结果如图 3-40 所示。

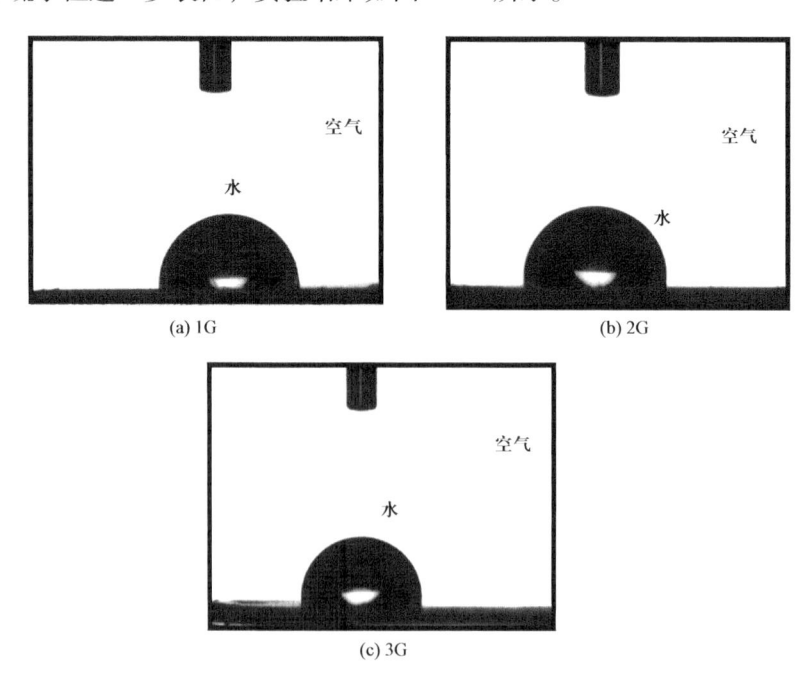

(a) 1G

(b) 2G

(c) 3G

图 3-40　热刺激响应后 1G、2G 与 3G 成膜的亲水性表征

1G、2G、3G 膜表面与水滴的接触角分别为 82.5°，95.3°，98.6°，结果表明热刺激响应后的 GB 膜的疏水性为：3G>2G>1G，也就是说 GB 膜均具备较强的高温疏水性，这与上述 GB 膜的高温降滤失的实验结果相符。其中，3G 膜的高温疏水性更强，这主要是因为 3G 膜中所含刺激响应性单体更多，可有效缔合形成疏水性更强的阻水膜。

四、GB-bent 防塌液的高温抑制性分析

根据上述分析，本节选用水化膨胀性能最强的水敏性矿物蒙皂石作为研究对象，以评价 GB 土浆遏制页岩水化的有效性。实验采用美国怀俄明州的蒙脱土（纯度为 99%）压制评价用岩心，利用高温高压线性膨胀仪分析 GB 土浆对岩心的水化膨胀的影响。围绕 1G，2G，3G 的热响应成膜温度窗口，分别设置了不同环境温度条件下的线性膨胀实验。其中，1G 的高温高压线性膨胀评价实验如图 3-41 所示。

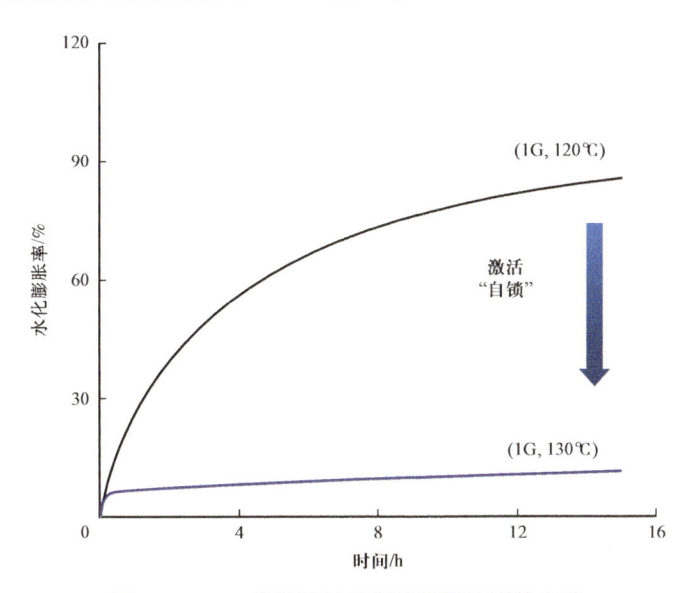

图 3-41　1G 防塌液的高温线性膨胀评价实验

由图 3-41 可以看出，在开关温度之前，蒙脱土岩心的水化线性膨胀随着水化时间增加而逐渐增加，最大膨胀率趋近于 90%。

而在开关温度后，GB 土浆对实验岩心的水化膨胀则具有显著的遏制作用。从图 3-41 中曲线可以看出，基本在线性膨胀实验开始的前 10min 以内，实验岩心的膨胀率便被有效控制，最终岩心最大膨胀率降低 88.82%，侧面反应了 GB 土浆高温成膜封堵的有效性。

2G 及 3G 土浆的高温线性膨胀评价实验则如图 3-42 和图 3-43 所示。同样地，在响应温度之前，评价岩心极易被水化并且迅速膨胀。但在响应温度之后，评价岩心的水化膨胀率则被有效地遏制。从实验结果可以看出，2G 及 3G 土浆对岩心水化膨胀的抑制率分别为 84.04% 与 82.51%。该实验结果与 GB 土浆成膜实验结果相一致，即 GB 土浆在响应温度条件下可迅速形成疏水性致密隔离膜，有效阻断外部水分进一步侵入内部岩心。

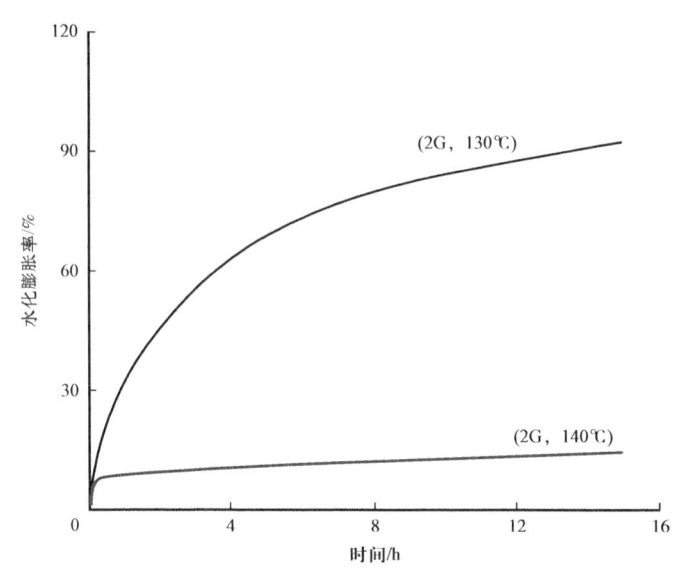

图 3-42　2G 防塌液的高温线性膨胀评价实验

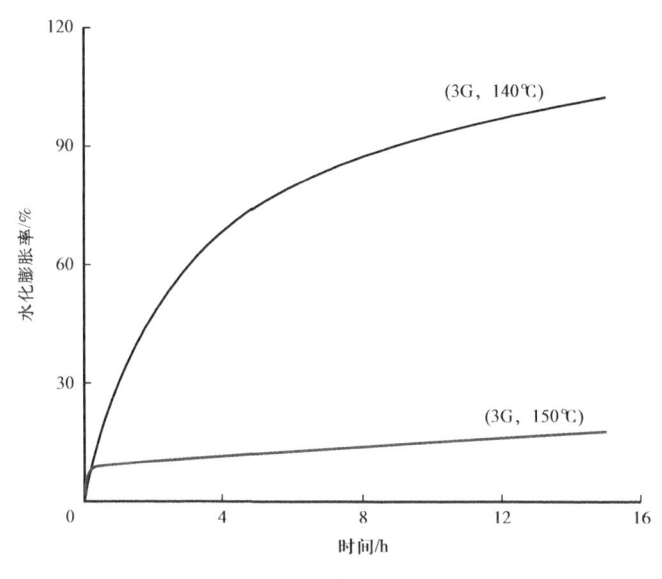

图 3-43　3G 防塌液的高温线性膨胀评价实验

五、GB-bent 防塌液对页岩结构及其力学稳定性的影响

为了验证 GB 土浆对页岩的防护作用，选用四川盆地龙马溪组的水敏性页岩作为研究对象。实验将页岩切割为直径 50mm，厚度为 2mm 的岩心薄片，并安置入改进的高温高压滤失仪的底部。针对 GB 土浆的响应温度窗口，设计不同环境温度的评价实验。根据 API 滤失实验标准，注入 GB 土浆，并使其与页岩充分作用 30min。之后，倾倒出釜内液体，并取出底部页岩岩心片，进行力学评估。

采用微米压痕仪对页岩岩心片进行压痕实验分析，实验所用压头为圆锥形金刚石压头，压头圆心角度为120°，最大加载载荷为20N。通过加载与卸载曲线，可以有效分析页岩的刚度变化，以及内部微裂纹的发育情况。其中，1G土浆对页岩力学性能的影响如图3-44所示。

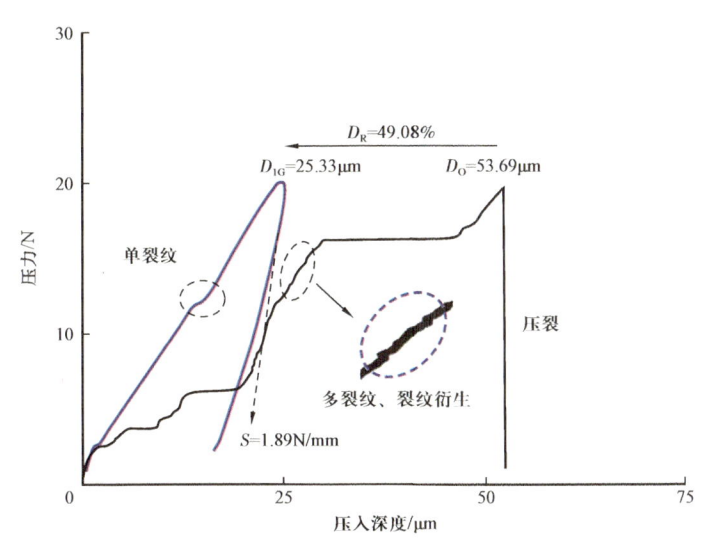

图3-44　1G土浆与天然膨润土浆对页岩力学性能的影响

图3-44中黑色曲线为与天然膨润土浆作用后的页岩压痕曲线，最大压痕深度达到53.69μm。另外，可以看出在载荷力持续加载过程中，发生多段位移平行曲线，这说明页岩内部存在多段发育微裂纹，继而在压入过程中发生裂纹扩展。这一现象说明页岩未被有效保护，外部水分侵入页岩内部结构，导致内部裂纹发育。特别是在压头卸载的过程中，未发现位移回弹的现象，卸载曲线表现为脆性材料损伤行为，说明岩石接触区域结构被完全破坏，丧失接触刚度。

与传统膨润土不同，GB土浆作用后的页岩曲线如图3-44中蓝色曲线所示。可以看出，加载曲线段，基本未见多段的位移平行曲线，说明页岩内部裂纹不发育，页岩保持了力学刚度。与天然膨润土浆的作用相比，测得最大压痕深度仅为25.33μm，同比降低49.08%。令人满意地是，在压痕卸载过程中，发生了接触回弹的现象，仍保留接触刚度，测得接触刚度为1.89N/mm，表明页岩结构未被完全破坏。这主要归功于GB土浆成膜有效阻挡了外部水分侵入岩石内部，有效防止了水敏性矿物颗粒滑移，从而保证了页岩结构强度。

为进一步验证页岩压痕力学实验的结论，取页岩的纵剖面进行了孔隙结构分析，如图3-45所示。

显然，天然膨润土作用后的页岩孔隙结构异常发育，内部膨润土颗粒因为恶性水化作用，产生滑移，导致孔隙结构垮塌。进一步基于灰度差异，对内部孔隙结构进行模拟，得到如图3-45所示的水分渗流假想图，蓝色区域为水分的侵蚀空间。从图3-45中可以看到，假想的水分侵入已构成连通网络，页岩内部裂纹结构发育。不同的是，1G 土浆作用后的页岩微观结构图中少见发育裂纹，局部可见孤立的孔隙结构，基于灰度差异模拟，假想的水分侵入无法形成连通孔隙，即无法促进裂纹发育。综上，GB 土浆在高温条件下可有效遏制水分侵入页岩内部，引发结构垮塌。

图 3-45　页岩纵剖面微观孔隙结构分析

再进一步分别在响应温度 140℃与 150℃条件下，实验 2G 与 3G 土浆对页岩力学性能的影响，如图 3-46 和图 3-47 所示。同样地，在实验的高温条件下，天然膨润土浆对页岩无保护作用，根据压头接触区域的力学信息反馈，页岩内部结构裂纹发育，接触后产生恶性的脆性破裂，无接触刚度。另外，压痕最大深度进一步被提升，最大压痕值分别为 69.98μm 与 84.07μm，相较 130℃作用后的页岩压痕而言，增长率分别为 30.31%与 56.62%，说明温度越高将进一步扩大页岩的结构损伤。

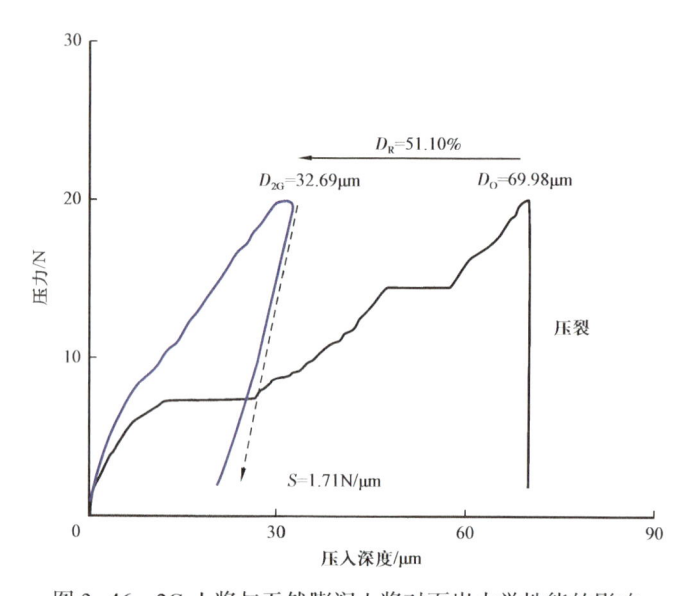

图 3-46　2G 土浆与天然膨润土浆对页岩力学性能的影响

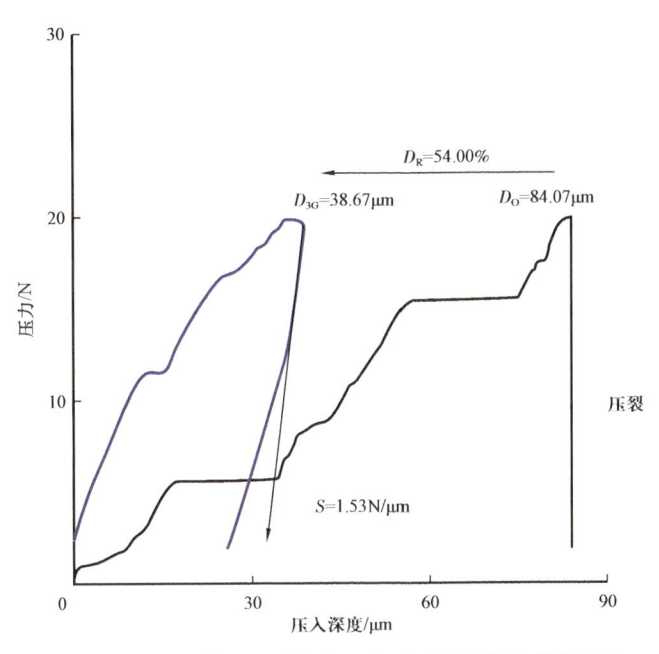

图 3-47　3G 土浆与天然膨润土浆对页岩力学性能的影响

然而，2G 与 3G 土浆作用后的页岩压痕曲线则截然不同，加载段少见水化腐蚀造成的位移平行曲线，但在 3G 加载过程中仍存在一段位移滑脱，这可能是接触区域中恰好遭遇了岩石的固有孔洞。经 2G 与 3G 土浆作用后的页岩最大压入深度分别为 32.69μm 与 38.67μm，相对减少率分别为 51.10% 与 54.00%，保留的接触刚度分别为 1.71N/μm 与 1.53N/μm。上述分析表明了 GB 土浆在实验高温条件下可有效维持页岩的力学性能，抑制页岩因水化而导致的内部结构垮塌。

六、GB-bent 的不可逆成膜防塌机理概述

基于上述研究结果，本节提出 GB 土浆的页岩防塌机理，如图 3-48 所示。

对于传统的页岩水化过程，由于毛细管力及水化膨润土颗粒的存在，外部水分极易侵入页岩内部孔隙。进一步随着结合水分含量增加，将促使内部水化应力增加，继而造成水化损伤，引发页岩内部微裂纹形成与发育，严重时诱发储层垮塌。特别地，高温条件下水分子运动活性加剧，该水化损伤行为更易被诱发。

而 GB-bent 则可顺应地层高温环境条件，当温度小于最低临界热响应温度（＜LCST），GB-bent 表面生长的柔性分子链处于舒展态，故 GB-bent 层状颗粒间空隙处于开放状态；但当温度大于 GB-bent 的热响应温度（＞LCST），由于生长分子链的热缔合作用，表面生长分子链坍缩，从而增强膜的疏水性，并使得开放的孔隙被关闭；同时，由于热缔合的强稳定性，闭锁的孔隙结构难以再次打开；从而形成一种不可逆的自锁疏水性隔离膜结构，将水分子排挤在孔隙之外，遏制水化应力进一步增加，起到页岩防塌作用。

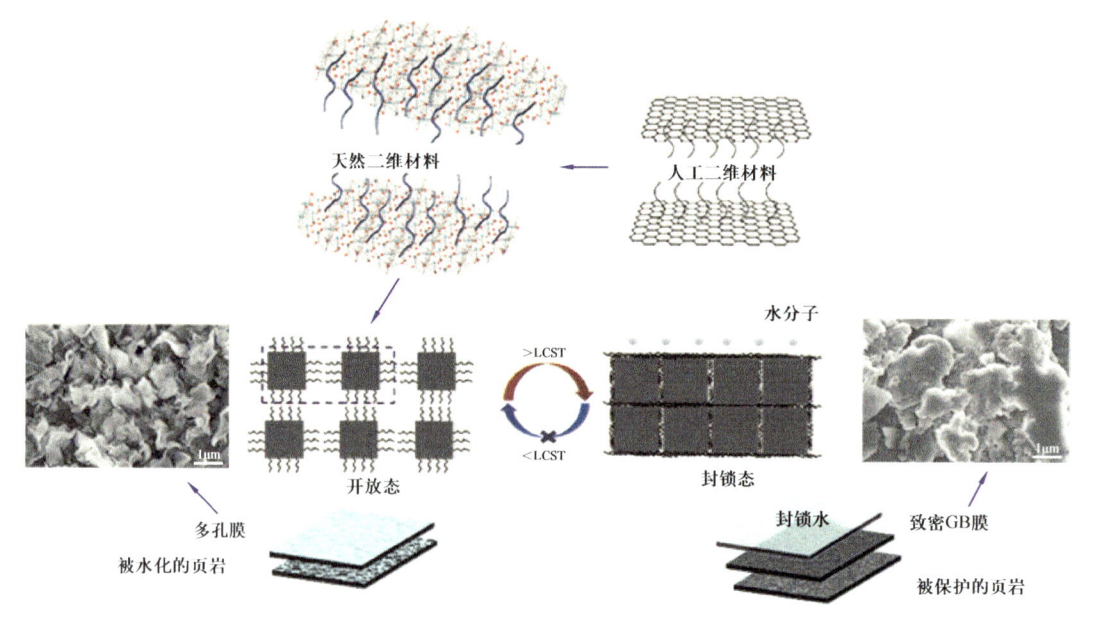

图 3-48 GB-bent 成膜防塌机理图

第四章　纳米级自锁膨润土成膜剂研制及其防塌性研究

上一章主要介绍了自锁型不可逆热响应膨润土及其防塌作用机理，本章详细介绍纳米级自锁膨润土研制及其防塌性能。

第一节　纳米材料的概念及应用

纳米材料广义上是指在三维空间体系中至少有一维的空间尺度处于纳米范畴，通常由几百或上千个原子紧密排列在一起。按照空间维度划分，目前的纳米材料可被划分为零维、一维、二维及低维纳米材料。

一、零维纳米材料

零维纳米材料即纳米粒子（如：团簇、量子点、纳米颗粒），微粒大小属于纳米量级，由少数原子或分子堆积而成，在空间三方向上的延伸度均不超过10个原子。半导体和金属的原子簇（cluster）是典型的零维材料。

二、一维纳米材料

一维纳米材料即纳米线（如：纳米硅、纳米碳管、纳米纤维），纳米线内部的电子运动只存在一个空间方向，另外两个维度的尺寸在0.1～100nm之间。

三、二维纳米材料

二维纳米材料指三维空间体系的维度中存在两个维度的尺寸均不在0.1～100nm之间的材料。例如：石墨烯的两个维度（长、宽）尺寸均大于100nm，而另一维度（高度）的尺寸在0.1～100nm之间，因此石墨烯是典型的二维纳米材料。

四、低维纳米材料

低维纳米材料属于二维与三维纳米材料的过渡区，维度的尺寸不在0.1～100nm之间，但维度尺寸属于纳米范畴。

五、纳米材料的应用

纳米材料具有广阔的应用前景，如：纳米电子元件，生物技术，空间探索，能源勘探开发等。零维纳米材料可以应用于纳米尺度孔洞修补与结构提高；一维纳米材料具有优良的传导性，可用于电子元件制造与病理侦探；二维纳米材料则可应用于制备纳米薄膜，进行工业废水处理与回用；而低维纳米材料具有多样性与多功能性，可应用于制备先进功能材料，制备适用于极端环境的功能材料。

第二节　纳米级自锁膨润土（Nano-GB-bent）的设计

众所周知，天然膨润土的结构为多层堆积的三维空间结构，如图4-1所示。由于堆叠层数较多，通常膨润土颗粒为微米级。

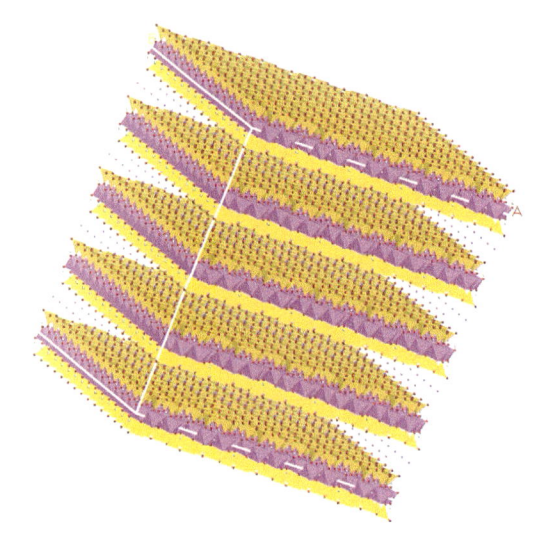

图4-1　多层堆叠膨润土结构

为了进一步封堵页岩内部孔隙，本章拟对天然膨润土固有层状结构进行破坏，构造低维纳米结构，制备纳米级自锁型膨润土，更好地对纳米级孔隙进行填充。目前，纳米膨润土的制备可分为物理切割与化学剥离。

物理切割：通过超声共振切割或者原子撞击对膨润土层状结构进行破坏，得到层数较少的层状结构（即维数降低）。但是，物理切割法对仪器、装备及实验环境的要求较高，通常难以达到理想的制备效果。

化学剥离：分为金属驻撑与有机插层，金属驻撑是在层间进行金属原子的堆叠撑开其固有层间结构，使得相邻层状结构分散与剥离。有机插层则一般引入长链型疏水性烷基铵盐，由于自身携带阳离子，可自发地进入膨润土层间，并依靠疏水性的烷基链撑开层间结构。

第三节 纳米级自锁膨润土（Nano-GB-bent）的制备

一、制备原理

在传统纳米膨润土的制备工艺的技术上，本章进一步提出低维纳米膨润土的制备，如图4-2所示。

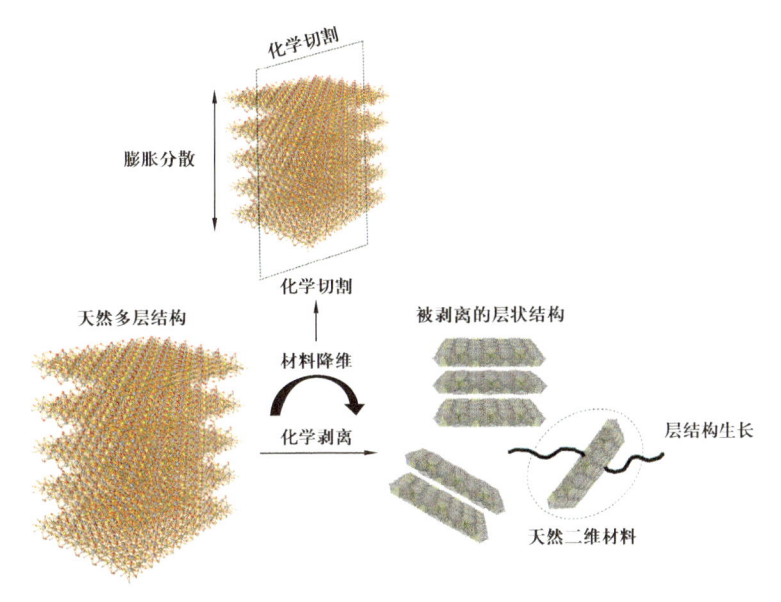

图4-2 纳米自锁膨润土的制备机理

主要采用化学切割与膨胀分散的方法对其晶体结构进行降维。

首先，采用浓盐酸或浓硫酸对膨润土的桥连结构进行化学切割，通过溶蚀晶体结构中的金属离子，使其晶体结构坍塌。

然后，采用长链分子插入坍塌后的层状结构，迫使其进一步膨胀分散，彻底转化为低维的层状结构，甚至转为二维结构。

最后，再对制备的低维纳米膨润土的层结构进行表面功能性生长。

二、实验原料及仪器

实验所用的纳米膨润土采购自德国的Nano公司，其余化学原料与来源基本与上一章一致。

实验所用的1000Y可变温超声纳米粉碎机（图4-3），购自上海启前电子科技有限公司，HKY-3高温高压压力传递仪购自海安石油仪器有限公司。其余所用仪器均与上一章相同。超声纳米粉碎机主体部分为真空超声粉碎室，主要提供真空条件下的超声粉碎环境，实验过程可由一体化的全智能电子控制系统，进行全程标准化地监控与实施。设备允许实验参数为：超声功率为 10～1200W（1%～99%）可调；允许破碎容量为 50～1200mL；温控范围为室温至 99℃；单次超声允许时间为 0.1～9.9s；单次间隙允许时间为 0.1～9.9s。

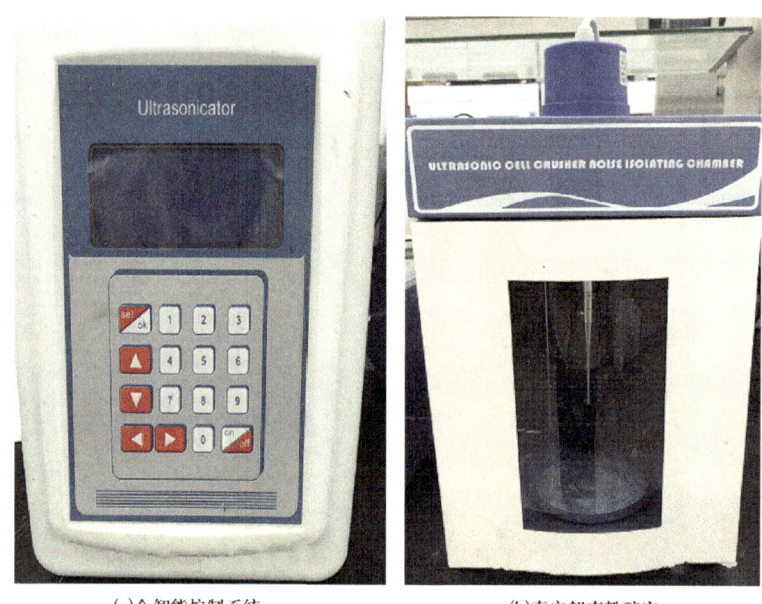

(a)全智能控制系统　　(b)真空超声粉碎室

图 4-3　超声纳米粉碎机

三、制备步骤

1. 低维纳米膨润土制备

首先，采用 1000Y 超声波粉碎机（上海启前电子科技有限公司）对传统的纳米膨润土进行初步粉碎与分散，超声粉碎时间为 10min，超声频率 30kHz，实验结束，离心分散液，取中上层白色黏土。

其次，准备 100mL 浓盐酸或浓硫酸，加入 3g 超分散后的黏土，室温（22℃）静置 12h，目的是使两者充分作用。待充分作用之后，再分 10 次滴加蒸馏水，每次滴加 20mL，滴加间隔时间为 1h，期间进行缓慢的磁力搅拌。

实验目的为逐级降低配备浓盐酸的浓度，以充分溶蚀层内金属原子，对固有层状结构进行破坏，逐渐转变为无定型低维片层结构，以达到充分切割的效果。进一步地，离心酸溶切割后的混合液，并进一步用蒸馏水反复洗涤离心后的膨润土，目的是去除残余的盐酸分子，即得到切割后的纳米膨润土。

最后为化学膨胀与分散剥离。继而，再加入 100mL 高浓度的氯化钠水溶液（质量分数为 5%），磁力搅拌 12h，目的是使坍塌降维后的层状结构进一步地膨胀，拉开基础层间间距。之后，再加入0.1g十八烷基三甲基氯化铵，50℃搅拌5h，进一步地撑开剥离膨胀后未分散的膨润土片层，以达到充分水化分散剥离的效果，进一步地降低结构维度，得到低维纳米膨润土。最后，采用无水乙醇与丙酮的混合溶液对降维后的膨润土进行反复清洗，达到纯化的作用。

2. 层表面结构生长

低维纳米自锁型膨润土的层表面结构生长与上一章中自锁膨润土的制备思路与过程一致。合成过程仍分为层表面的活化、萌发与生长三个过程，在休眠种与活性种之间建立一个可逆平衡。但值得注意的是，合成过程需保证纳米膨润土充分分散，也就是说应在低浓度条件下进行，确保单个层结构的有机增长空间，以防止层间纠缠。

制备过程：

（1）分散性浆液配备。首先配备低浓度（0.05%）的纳米膨润土分散浆液，取0.1g制备的低维纳米自锁膨润土与200mL蒸馏水室温（25℃）下混合磁力搅拌24h（辅以超声），使纳米自锁膨润土充分分散，为后续层表面改性提供一定的自由生长空间。

（2）层结构表面活化。恒温50℃条件下逐滴加入0.4mL的3-氨丙基三甲氧基硅烷水溶液，3-氨丙基三甲氧基硅烷水溶液浓度为5.0%（体积分数），充分搅拌24h，以赋予膨润土基面活性伯胺基团。继而采用离心机以5000r/min离心5min，小心取出底部膨润土，并用甲醇反复清洗离心三遍以上。最后，采用真空干燥机85℃下干燥12h，得到活性Bent-NH$_2$。

（3）层结构表面萌发。氮气保护前提下缓慢引入1mL干燥的三氯甲烷溶液（含0.04mL引发剂，2-溴异丁酰溴），30℃下缓慢搅拌。继而引入0.5mL的2，2′-联二吡啶配合液（含2mg溴化亚铜）与10mL对二甲苯溶液（含20mg甲基丙烯酸苄基酯）。最后，逐渐升温至90℃，继而加入4mg的N，N，N′，N″，N″-五甲基二亚乙基三胺交联剂。

（4）层结构表面生长。保持冷凝回流，恒温自由反应6h。最后用三氯甲烷与甲醇混合液清洗离心反应液三遍以上，通氮气105℃干燥12h，封罐保存。

四、测试与表征

1. 纳米级粒径分析

将所制备的纳米自锁热响应膨润土成膜剂分散，分散浓度为0.5%，分散介质为蒸馏水。采用激光粒度分析仪对分散液中纳米颗粒的粒度分布进行测定，获得纳米颗粒的粒度分布。每个样品重复测量3次。

2. 微观结构表征

采用低温与高温热滚Nano-GB-bent颗粒，然后采用相同温度进行干燥脱水，得到热响应前后的 Nano-GB-bent 颗粒的微观结构。分析描述采用德国先进的 EV0 MA15 扫描电子显微仪，对 Nano-GB-bent 微观结构进行微观电子扫描，得到结构的微观几何形貌。

3. 高温高压压力传递实验

采用山东海安石油仪器有限公司的高温高压压力传递仪，模拟地层高温高压环境，评价 Nano-GB-bent 的高温防塌性。根据上下游压力的变化，分析页岩结构的稳定性，判断外部流体是否穿过页岩，判断页岩是否产生水化坍塌行为。此装置的组成及原理如图 4-4 所示。图 4-4 中灰色区域为装置的主要组成部分，为页岩样品的放置处，极限承受围压 100MPa，实验围压为 0~60MPa；图 4-4 中左边部分为待测液的输送装置，可对待测液进行预加温与加压工作，给定上游压力；而下半部分则以下游柱塞段为主，承担监测下游压力的主要工作；实验过程中，通过控制上下游压差，模拟地层压差，通过监测上下游压力的变化，判断实验所用防塌液的防塌性，判断页岩结构的完整性，评价防塌液的工程适用性。

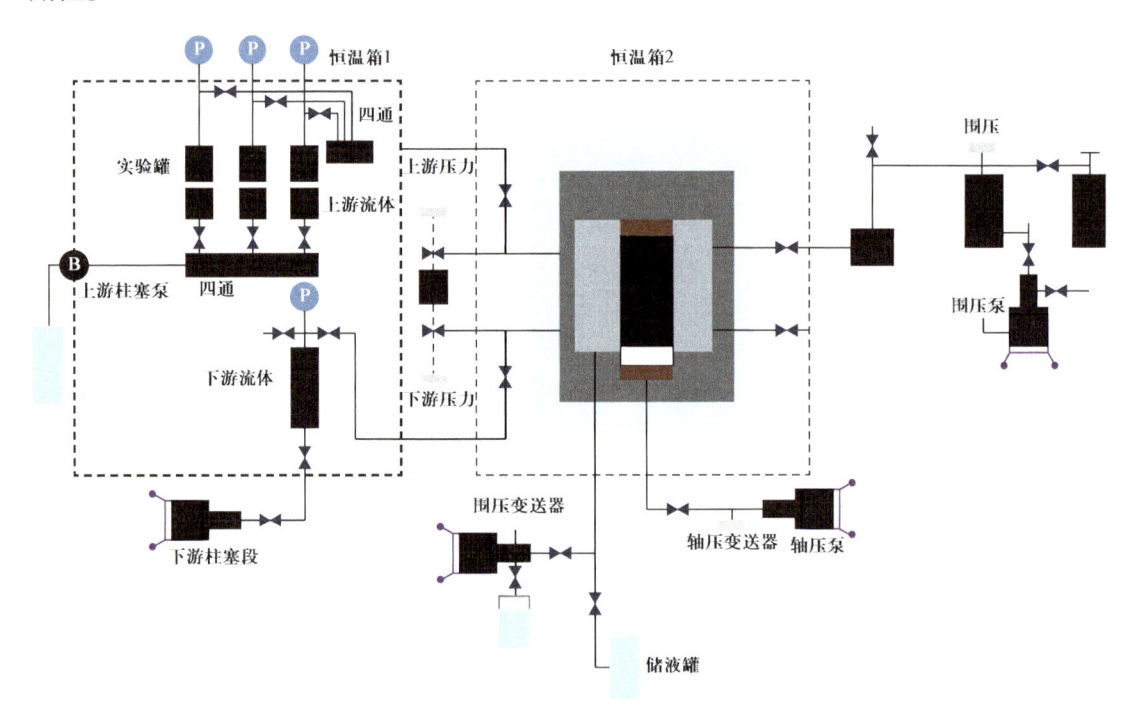

图 4-4 高温高压压力传递装置构成及原理图

4. 页岩的微观损伤结构表征

取压力传递后页岩的截面，采用环境扫描电镜分析水化侵蚀后页岩的微观结构，根据空隙情况、有无裂纹、裂纹的发育情况等微观结构特征，判断页岩的水化坍塌程度，从而评价实验防塌剂的防塌性。

第四节 纳米膨润土的结构分析

实验所用纳米膨润土购买自德国 Nano 公司,其粒径分布如图 4-5 所示。基于三次平行测试结果,其粒径分布范围为 0.02~4.96μm,平均粒径为 708nm,表明绝大部分颗粒为纳米级。

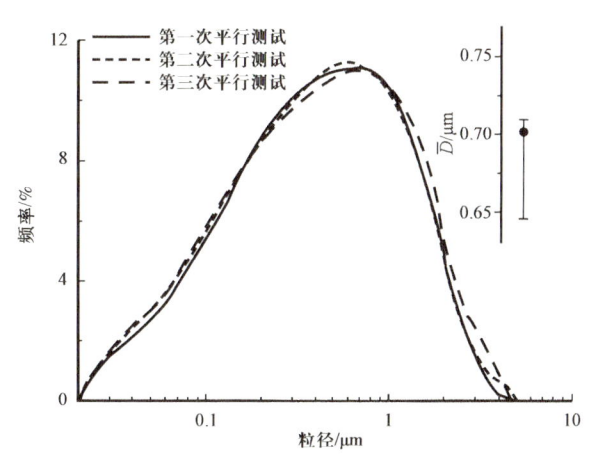

图 4-5 Nano 公司纳米膨润土的粒径分布

其微观结构如图 4-6 所示。由图 4-6 可以看出,纳米膨润土的结构仍由层状结构堆叠而成,颗粒大小不一(取决于堆叠层数与单层表面积的大小),最大颗粒直径大于 3μm,这与上述粒径分布的结果相一致。

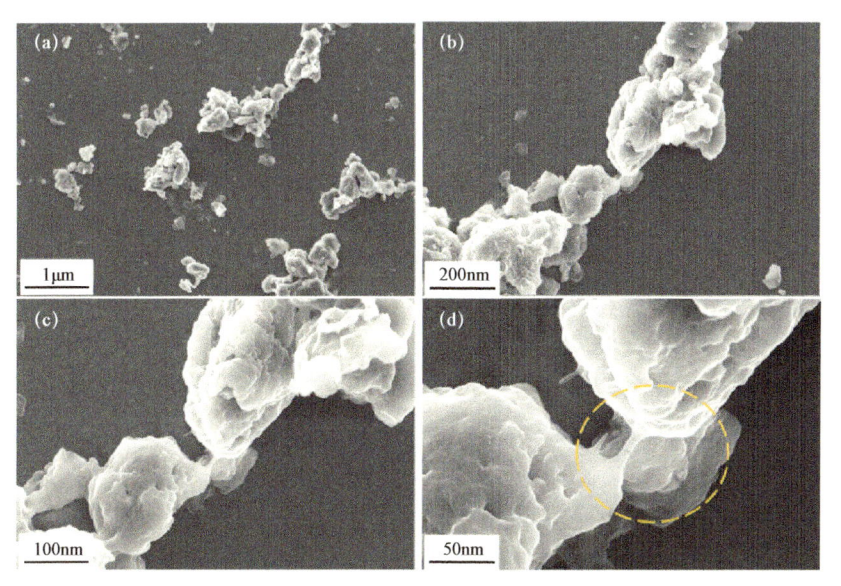

图 4-6 Nano 公司的纳米膨润土的微观结构
(a)为整体结构图;(b),(c),(d)为局部放大图

层状结构显著地被破坏或剥离,但层与层间或端与端间的分离不彻底,从而仍存在较大的颗粒。

进一步对未彻底分离的层结构进行局部分析,如图4-6(b)至(d)所示,桥连的片层未被彻底切断是导致层状结构未被彻底分离即颗粒粒径较大的根本原因。特别地,从图4-6(d)中可看到单片层的结构,单片层的Feret最大半径约为50nm。若能将其进一步地剥离出来,必将得到更低维度的纳米材料。

第五节　Nano-GB-bent 的粒径及热响应性分析

一、低维纳米膨润土粒径分析

进一步的探究需要采用激光粒度仪对改性前后的纳米膨润土的粒径进行有效分析。经过材料降维处理后,获得的低维纳米膨润土的粒径分布如图4-7所示。根据三次粒径分析结果,粒径分布范围为0.02~0.2μm,但绝大部分颗粒粒径小于100nm,其平均粒径为63nm,表明制备的低维膨润土具备封堵页岩超纳米级孔隙的潜力。

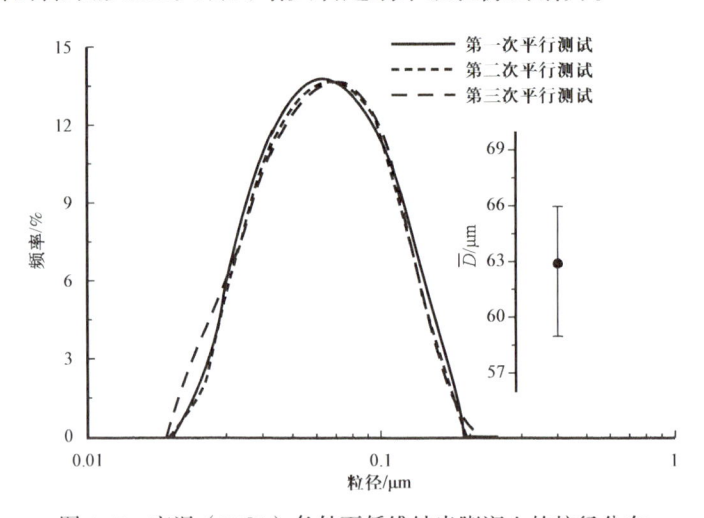

图4-7　室温(22℃)条件下低维纳米膨润土的粒径分布

与原始的纳米膨润土(图4-5)相比,三次平行测试表明粒径分布峰显著地向左聚拢,分布范围为20~225nm。这说明单个原始纳米膨润土的空间结构体积显著减小,这证实了实验切割处理的有效性。低维纳米膨润土的平均粒径为63nm,平均粒径减小幅度为91.10%,该粒径与上述图4-6(d)发现的单片层Feret半径相近,说明多层结构被有效破坏,且大部分被有效分解为单层片状结构。值得注意地是,在粒径小于100nm的超纳米区间(该区间适用于封堵超纳米级孔隙)的分布百分比提高282%,进一步说明多层层状结构被有效破坏,有利于进一步地制备纳米级自锁膨润土。

二、热响应前纳米级自锁膨润土的粒径分析

同样地,采用层间可控的 ATRP 聚合技术对层表面的分子链生长进行有效控制,得到的纳米级自锁膨润土的粒径分布如图 4-8 所示。

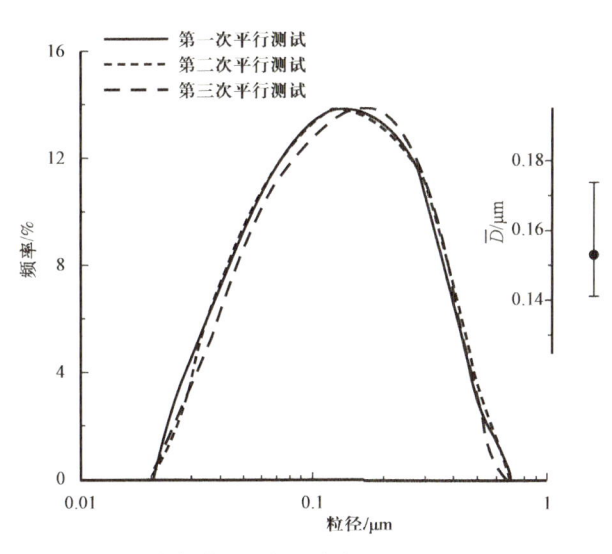

图 4-8 热响应前纳米自锁膨润土的粒径分布(22℃)

综合三次平行测试结果,得到纳米自锁膨润土的粒径分布的有效范围为 20~700nm,平均粒径为 153nm。与改性前的低维纳米膨润土粒径分布相比,粒径分布显示向右扩展,测得的最大粒径值增幅 211%,平均粒径增长幅度为 143%。此现象说明了层结构表面分子的可控生长,通过表面生长柔性分子链,增大了颗粒的空间半径。

三、热响应后纳米级自锁膨润土的粒径分析

进一步对合成的纳米自锁型膨润土进行热处理,采用 150℃ 的热滚炉进行热滚 12h,以模拟地层环境温度并研究热响应后的纳米自锁膨润土的颗粒粒径变化。热响应后其粒径分布如图 4-9 所示。

与热响应前的粒径分布相比,可以看到粒径分布峰峰形的显著不同,由单峰转变为双峰分布(即"驼形"峰),双峰分布的出现预示着原始部分单分离的层结构被有效聚拢,重新堆叠并合成出多维的层状结构,颗粒的空间维数被有效提升。详细地,其平均粒径由之前的 0.15μm 增大至 0.36μm,增长幅度为 140%,最大粒径分布值由 0.71μm 增长至 3.72μm。上述结果均表明了层结构的重新堆叠,这与自锁层结构的热响应自锁行为有关。特别地,进一步精细计算了超纳米区间的分布百分比,产生自锁行为后的纳米自锁膨润土在 20~100nm 区间的百分占比仍可达 26.38%,说明自锁后的部分颗粒仍可应用于超纳米孔隙封堵,以应对潜在的极端纳米级孔隙。

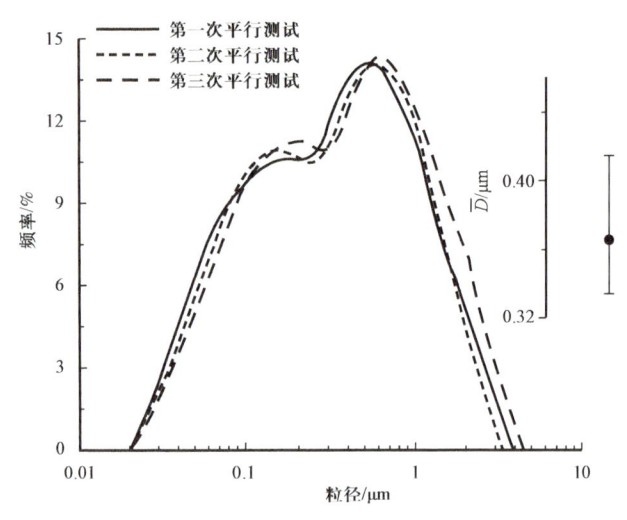

图 4-9 热响应后纳米自锁膨润土的粒径分布（150℃）

第六节 Nano-GB-bent 的热响应成膜性

上一节主要从粒径的变化探讨了纳米自锁膨润土的热响应性，本节将继续从微观结构对纳米自锁膨润土的热响应行为进行分析。热响应前后的纳米自锁膨润土微观结构变化如图 4-10 所示。

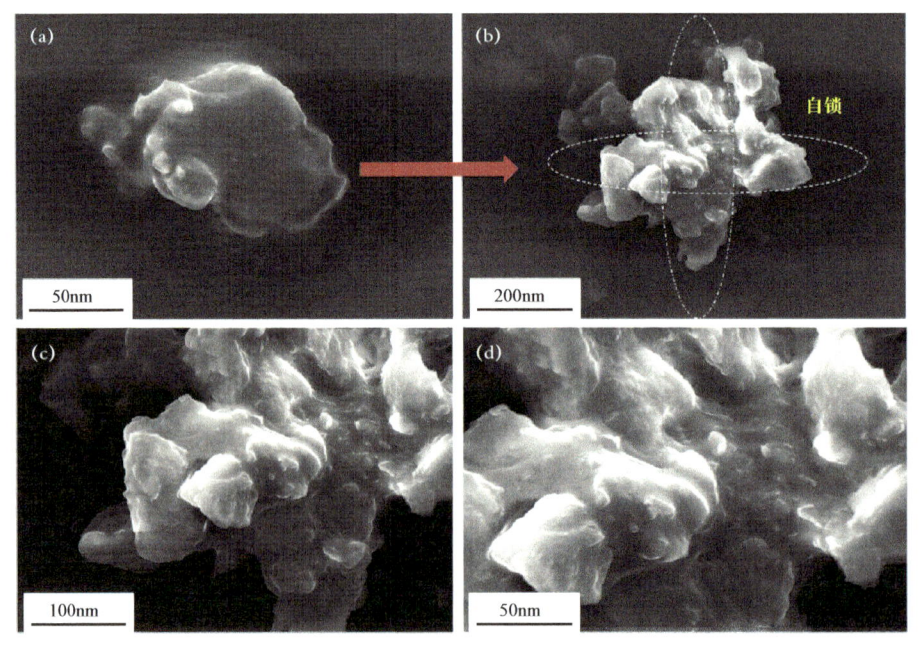

图 4-10 热响应前后的自锁结构
（a）热响应前的自锁膨润土；（b）热响应后的自锁膨润土；（c），（d）局部自锁结合结构

基于 Feret 的颗粒几何判定法，SEM 表征的热响应前的几何粒径约为 120nm，这与激光粒度测量结果相符。另外，热响应前纳米自锁膨润土维数较低，近似为单层片状结构，呈表面覆盖的明显的 BzMA 高聚物的软胶质形态。

热响应后（150℃），纳米自锁膨润土的空间几何形态如图 4-10（b）所示。热响应后自锁膨润土结构为多维交联结构，SEM 几何粒径为 320nm，空间粒径增幅为 167%，表明了自锁结构的有效性。另外，自由胶结形态体现为"十字"空间缔合法则，这与材料的组分有关，内核为膨润土片层，外层为柔性功能分子。

进一步对自锁后的结合结构进行剖析。由图 4-10（c）和图 4-10（d）可以看出，由于自锁结构的启动，层与层间互相交融，内部聚拢，形成了杂化多维空间结构，即由游离的自然颗粒自发结合形成多维空间结构。

同时，该杂化结构具备较高强度，内部是以膨润土矿物为主要成分的基体，缔合生长包裹热响应性 BzMA 软物质（赋予了材料一定的可变形区间），可被压缩进入限定的页岩孔隙，有利于在内部孔隙形成具备一定结构强度的柔性膜。

综上，纳米自锁膨润土成膜剂是纳米尺度的热响应成膜剂，具备应用于防护纳米级页岩孔隙的潜力。

第七节 Nano-GB-bent 防塌液的防塌性评价及机理研究

基于上述论证，制备的纳米自锁膨润土具备较强的页岩封堵的潜力。因此，进一步采用压力传递装置，基于上下游压力变化，以判定纳米自锁膨润土的工程适用性。

研究所用的 HKY-3 页岩压力传递实验装置由海安石油仪器有限公司提供，该装置系统采用封闭式加热系统，可模拟地层环境温度，岩心探测系统两端配备压力监测装置，监测压力传递过程中上下游压力变化，以判断纳米自锁膨润土对岩心的封堵防塌性。

所用岩心采自四川盆地自贡区域内，地质沉积组分属于龙马溪组，孔隙度为 1.32%，有机质含量（T℃）为 2.23%，石英含量为 57.31%，膨润土含量为 23.15%，泥质含量较高，属于水敏易塌型页岩。

一、压力传递分析及对比性研究

为了验证自锁膨润土的封堵防塌性，选取油田常用的强封堵防塌剂阳离子乳化沥青进行对比实验。图 4-11 为清水、自锁膨润土及纳米自锁膨润土的压力传递结果。

在 90h 的压力监测过程中，实验岩心基本被压力穿透。测试传递液为清水时，实验记录渗透率为 9.4×10^{-4}mD，压力传递时间为 40h；当测试传递液为高性能阳离子乳化沥青时（图 4-12），压力传递时间增长至 56 h，渗透率减少幅度达 27.65%，说明阳离子乳化沥青具备较好的高温降滤失性，这主要是因为阳离子乳化沥青具备高温软化性能，可嵌入部分页岩孔隙，阻碍后续水分的侵入，但是其并不能完全阻止水分的侵入。

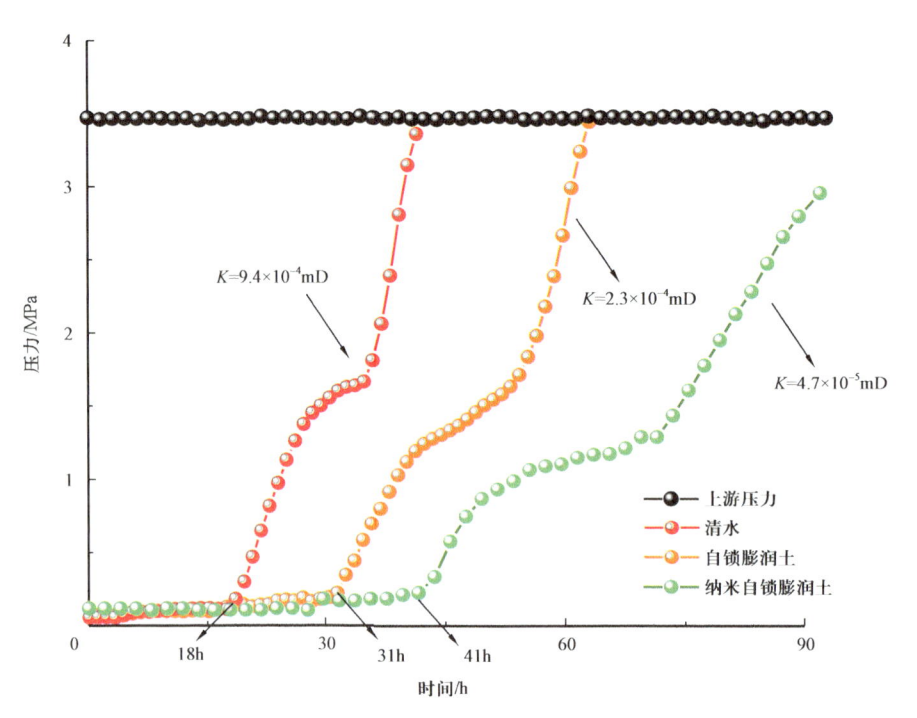

图 4-11　自锁热响应膨润土防塌液对页岩压力传递的影响
自锁膨润土与纳米自锁膨润土的加量均为 3.0%

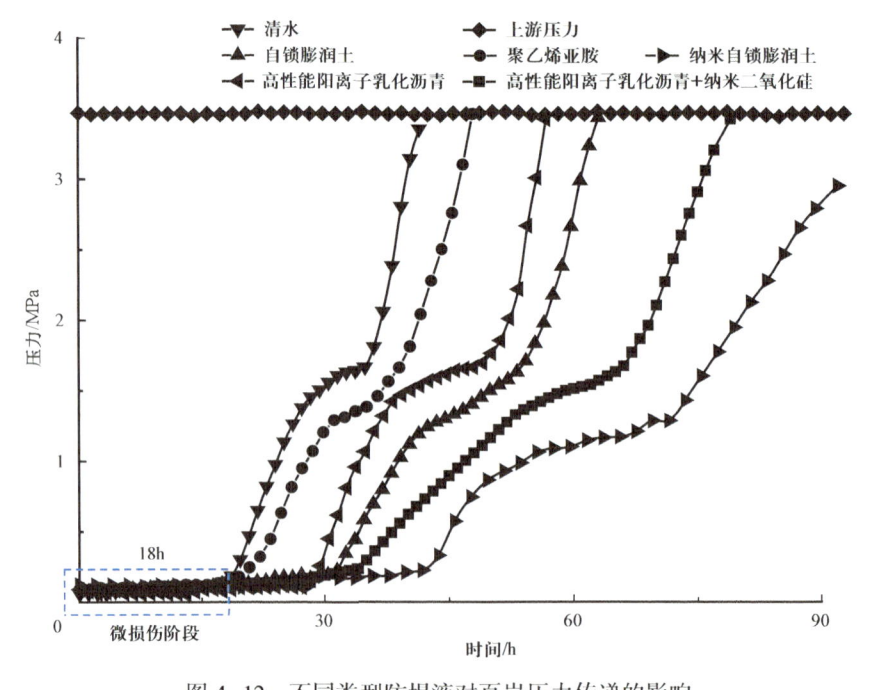

图 4-12　不同类型防塌液对页岩压力传递的影响
高性能阳离子乳化沥青、聚乙烯亚胺、自锁膨润土与纳米自锁膨润土的加量均为 3.0%，纳米二氧化硅加量为 1.0%

不同的是，引入自锁膨润土则可有效延长压力传递时间至63h，传递渗透率降低至2.3×10^{-4}mD，同时启动压力的时间也由27h增长至31h，增长幅度为15%。启动压力时间（t_1）是表征岩心外表面密闭性的重要参数，t_1值越大，表明岩心的外表面的密闭性越强，这里t_1值增加说明自锁膨润土成膜的密闭性强于沥青成膜的密闭性，有效延缓了压力的传递。

但整体传递时间并未得到有效的提高，压力传递上升段也与阳离子乳化沥青作用下页岩的传递实验相近，说明自锁膨润土并不能有效填充页岩内部孔隙。这是因为页岩内部孔隙以纳米级孔隙为主，微米级颗粒难以进入并在其内部构建一定强度的阻水膜。

令人庆幸的是，针对上述两大难题，即外膜与内膜的构建，纳米自锁膨润土的实验防塌效果较佳。从纳米自锁膨润土作用下的页岩压力传递实验可看出，启动压力时间t_1进一步地增加，较阳离子乳化沥青与自锁膨润土的增幅分别为52%与32%，说明纳米自锁膨润土所建外膜密闭性比乳化沥青与自锁膨润土的成膜密闭性强，证明了纳米自锁膨润土成膜的致密性。

另一方面，实验发现压力传递的增长段也明显与阳离子乳化沥青及自锁膨润土的压力增长段不同，增长过程被显著放缓，实验记录的渗透率进一步降至4.7×10^{-5}mD。同时，在90h的监测过程中，下游压力未达到上游压力，说明压力并未完全穿透。该实验结果与上述纳米自锁膨润土的高温自锁结构相符，构建的纳米自锁膨润土可进入页岩内部结构，高温环境条件下自发形成内部防水膜结构，并遏制后续水分的通过，从而提高页岩的高温防塌性。

另外，本书也进一步对比了纳米自锁膨润土与高性能阳离子乳化沥青的效果，为了提高阳离子乳化沥青的封堵防塌性，加入了超分散纳米二氧化硅，以达到协同防塌的效果。实验结果表明，超分散纳米二氧化硅确实可以进一步地延长防塌时间，稳固页岩结构，但其协同效果仍不及纳米自锁膨润土的防塌效果，进一步地验证了纳米自锁膨润土的防塌优异性。

二、压力传递后的页岩微观结构分析

为了进一步地验证纳米自锁膨润土的封堵防塌性，剖析作用后页岩的微观结构。图4-13（a）至图4-13（d）分别为清水、阳离子乳化沥青、自锁膨润土及纳米自锁膨润土作用后的页岩微观结构图。

由图4-13可以看出，采用清水进行压力传递后，页岩中膨润土颗粒明显被分散，且岩体内存在显著的坍塌裂纹，为压力快速释放通道。

而采用阳离子乳化沥青传递后，未出现显著的大裂纹，说明阳离子乳化沥青对页岩具备一定的防塌性。但仍存在较多的微裂纹，坍塌后的页岩结构较为疏松，发现较多的分散型膨润土颗粒，说明仍有大量的水分穿入页岩内部孔隙，并引发了内部膨润土矿物的水化分散。

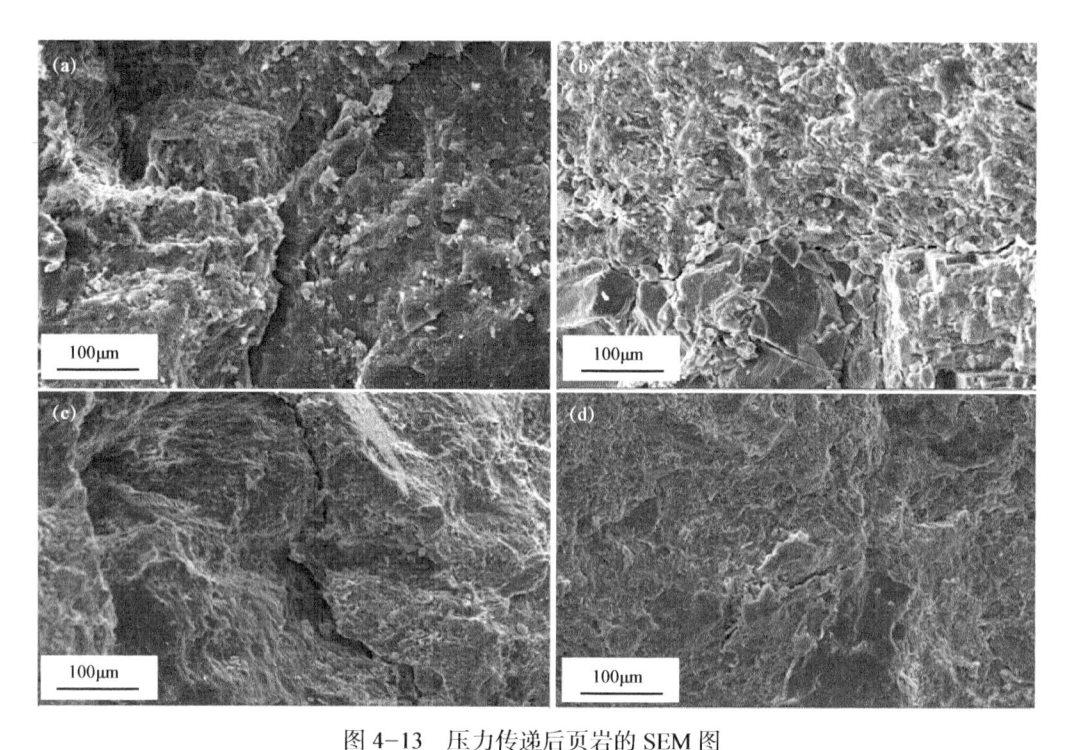

图 4-13 压力传递后页岩的 SEM 图

(a)清水作用后页岩的 SEM 图;(b)高性能阳离子乳化沥青作用后页岩的 SEM 图;(c)自锁膨润土防护后页岩的 SEM 图;(d)纳米自锁膨润土作用后页岩的 SEM 图

特别是采用自锁膨润土液传递后,页岩的结构虽存在明显的裂纹,但整体结构保存较好,未见明显的膨润土分散现象,裂纹行为属于脆性裂纹,说明页岩内部并未产生严重的水化侵蚀,其坍塌行为主要是由于压力不平衡的压裂所致。

进一步采用纳米自锁膨润土进行传递后,内部页岩结构如图 4-13(d)所示。可见页岩结构被保存良好,未发现显著的裂纹,也未发现明显的水化侵蚀的现象。该现象与上述压力传递实验相符,说明纳米自锁膨润土在孔隙前端有效构建了高温自锁型内膜,以阻止水分子传递,从而对页岩内部结构起到了保护的作用。

三、Nano-GB-bent 的成膜防塌机理概述

基于本节的探究分析结果,进一步提出纳米自锁膨润土的防塌机理,如图 4-14 所示。纳米自锁膨润土的防塌机理主要为两部分,即内膜填充与外膜成壁。在孔道的上下游的压差作用下,一部分纳米自锁膨润土将优先进入页岩孔道,但是由于地质高温环境激发,渗入的纳米自锁膨润土颗粒将快速形成自锁结构,形成疏水性自锁膜结节结构;而另一部分则主要结合在页岩纳米级孔道的外部端口,构建防塌性外膜,从而与内膜形成双重防塌屏障,有效阻止水分子的侵入。

除此之外,功能化的多"臂"纳米自锁膨润土的"臂"具备高温自疏水性,可以增强膜的高温疏水性,进一步阻止水分子的侵入,从而形成致密疏水性隔离膜,形成页岩的有

效的保护伞。而部分侵入页岩内部孔隙的纳米膨润土则可依靠其功能性"臂"进一步地与页岩内部黏土表面的羟基形成氢键结合，在黏土颗粒表面形成一定的包裹性膜，阻止其与后续水分接触。

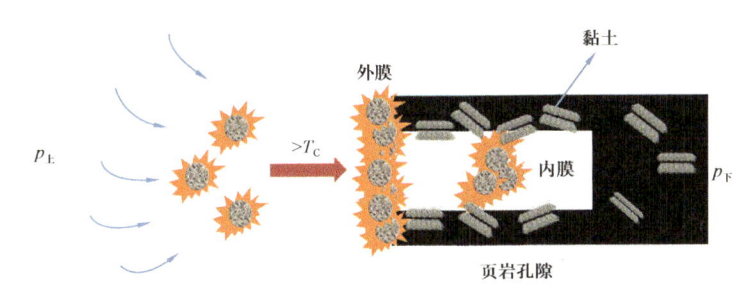

图 4-14　Nano-GB-bent 成膜防塌机理

第五章 热响应膨润土成膜剂对页岩水化坍塌的影响及作用机理研究

上述几章主要介绍了热响应膨润土成膜剂的制备及其防塌性的机理研究。本章将进一步分析热响应膨润土成膜剂对页岩水化坍塌的影响，并对其工程适用性进行初步评价。

本章首先根据模拟地层环境条件，模拟页岩与防塌液的相互作用，结合工程型低场核磁共振技术对页岩的含水状态进行定量描述，深入研究热响应膨润土成膜剂对页岩水化的影响及其工程适用性。采用岩石坍塌的 GCTS 工程模拟力学系统与大型工程数值模拟 Abaqus 软件对防塌液作用后的页岩进行坍塌模拟与损伤评估，进一步评价热响应膨润土成膜剂的防塌性与工程适用性。

第一节 低场核磁共振技术

低场核磁共振技术（LF-NMR）是基于核磁共振技术而发展起来的工程核磁评价技术，是在较小磁场环境（小于 0.5T）的条件下，探究水分子含量及状态的技术。LF-NMR 目前已被广泛应用于测定食物、动物和岩石的含水饱和度。

2018 年，Rezaee 首次使用 LF-NMR 来分析页岩中的含水情况。目前，LF-NMR 已被开发为分析非常规储层的有效方法。从本质上看，核磁共振是通过释放一个与氢质子的固定频率相同的射频场，从而产生共振信号，并使得低能量 ^1H 被激发到高能态，即塞曼跃迁。然后，高能态 ^1H 将以一种非辐射的方式逐渐释放能量，在宏观视界中，横向磁化矢量相对地相互移动，切割磁线圈，诱导磁共振信号，见式（5-1）。

$$V(t) \propto M_z \sin\theta \cos(\omega_0 t) e^{-t/T_2} \quad (5-1)$$

式中 $V(t)$——任意 t 时刻的磁共振信号量；

M_z——任意 t 时刻的横向磁化向量，A/m；

θ——磁化向量的切割角，rad；

ω_0——磁化向量的旋转角速度，rad/s；

T_2——横向弛豫时间，主要由水分子运动能力的自由性决定，s。

显然，NMR 信号与不同 t 时刻样品的水分子量成正比。通过计算机对核磁共振信号进行反演，即可以产生对应的 T_2 谱图。此外，用 T_2 谱积分面积和 T_2 值便可快速确定页岩中的含水状态并计算对应的含水饱和度。在页岩的 T_2 谱图中，T_2 谱一般可分为两部分，即结合水与自由水，如图 5-1 所示。基于 T_2 值与水分子运动的关系，T_2 值越小，水分子的运动性越弱，T_2 值越大，水分子的运动性越强。因此，国内外学者们认为 T_2 值较小的信号峰为与页岩中黏土相结合的水分子分布，而 T_2 值较大的信号峰则为孔隙中可自由移动的水分子分布。由于页岩的水化坍塌主要由黏土水化所决定，因此，页岩结合水 T_2 峰的变化是判断页岩水化坍塌的关键因素。

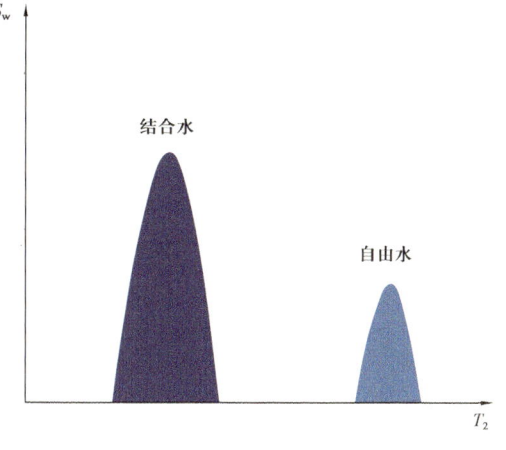

图 5-1 页岩中不同水分的 T_2 划分

第二节 三维结构坍塌损伤准则

坍塌损伤最初是由希勒堡等提出的，以描述三维固体结构受压的坍塌行为。1989 年，卢布林纳等在此基础上进一步地定义了塑性损伤，以反映坍塌过程中的非线性和不可逆变形。此后，国内外学者又相继开发了一系列改进的塑性损伤模型（PDM）、弹塑性损伤模型（EDM）、黏弹性塑性模型（VM）和耦合弹塑性损伤模型（CEDM）。一般来说，上述结构模型可以简单地用图 5-2 来对其坍塌行为加以描述。

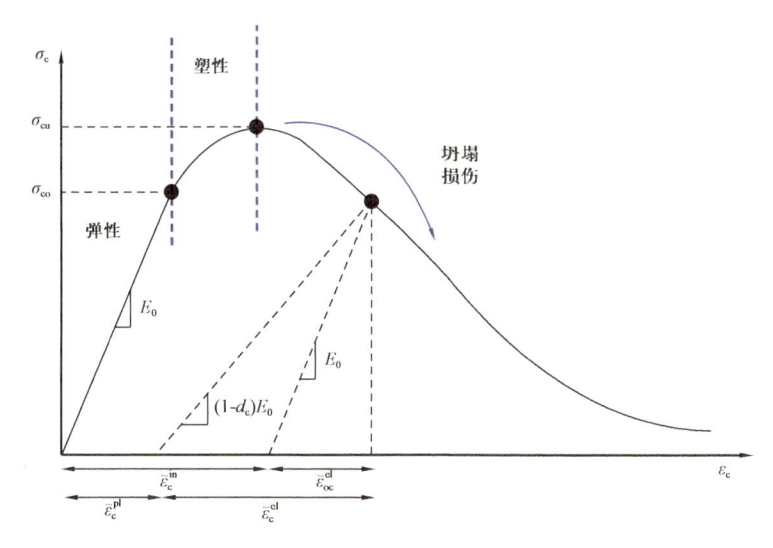

图 5-2 三维结构的受压坍塌行为描述

应力—应变行为可分为弹性、塑性和损伤阶段，涉及屈服准则、硬化/软化规律、损伤演化和流动规律四大准则。通常，根据经典的弹塑性理论，归一化应变可以分解为下述两部分，计算公式如下：

$$\tilde{\varepsilon}_c = \tilde{\varepsilon}_c^{pl} + \tilde{\varepsilon}_c^{el} \tag{5-2}$$

式中 $\tilde{\varepsilon}_c^{pl}$ ——弹性形变；

$\tilde{\varepsilon}_c^{el}$ ——塑性形变。

为了更好地描述页岩坍塌的演变过程，这里进一步地提出了损伤变量 d_c（$0 \leq d_c \leq 1$），计算公式如下：

$$\sigma_c = (1-d_c)E_0(\tilde{\varepsilon}_c - \tilde{\varepsilon}_c^{pl}) \tag{5-3}$$

式中 σ_c ——压缩坍塌的屈服应力，MPa；

E_0 ——页岩的初始弹性模量，MPa。

进一步地，考虑到损伤演变，名义形变 $\tilde{\varepsilon}_c$ 可以进一步地用下列公式计算：

$$\tilde{\varepsilon}_c = \tilde{\varepsilon}_c^{in} + \tilde{\varepsilon}_{oc}^{el} \tag{5-4}$$

式中 $\tilde{\varepsilon}_c^{in}$ ——非弹性压缩坍塌形变；

$\tilde{\varepsilon}_{oc}^{el}$ ——未发生坍塌压缩的弹性形变。

进一步地，未发生坍塌压缩的弹性形变的计算公式如下：

$$\tilde{\varepsilon}_{oc}^{el} = \frac{\sigma_c}{E_0} \tag{5-5}$$

由此，名义塑性形变和损伤变量可用下述公式表达：

$$\tilde{\varepsilon}_c^{pl} = \tilde{\varepsilon}_c^{in} - \frac{d_c}{(1-d_c)} \frac{\sigma_c}{E_0} \tag{5-6}$$

$$d_c = \frac{(1-\beta)\tilde{\varepsilon}_c^{in} E_0}{\sigma_c + (1-\beta)\tilde{\varepsilon}_c^{in} E_0} \tag{5-7}$$

式中 β——$\tilde{\varepsilon}_c^{pl}$ 与 $\tilde{\varepsilon}_c^{in}$ 的比值。

综上，通过 d_c 值的变化，可以有效地表达试件的损伤程度及其损伤变化。一般而言，d_c 值越大，试件的结构坍塌情况越为恶劣。反之，页岩结构损伤较小，得到了有效的保护。

第三节 实验部分

一、实验页岩岩心

评价用页岩岩心的地质信息及来源如图 5-3 所示。

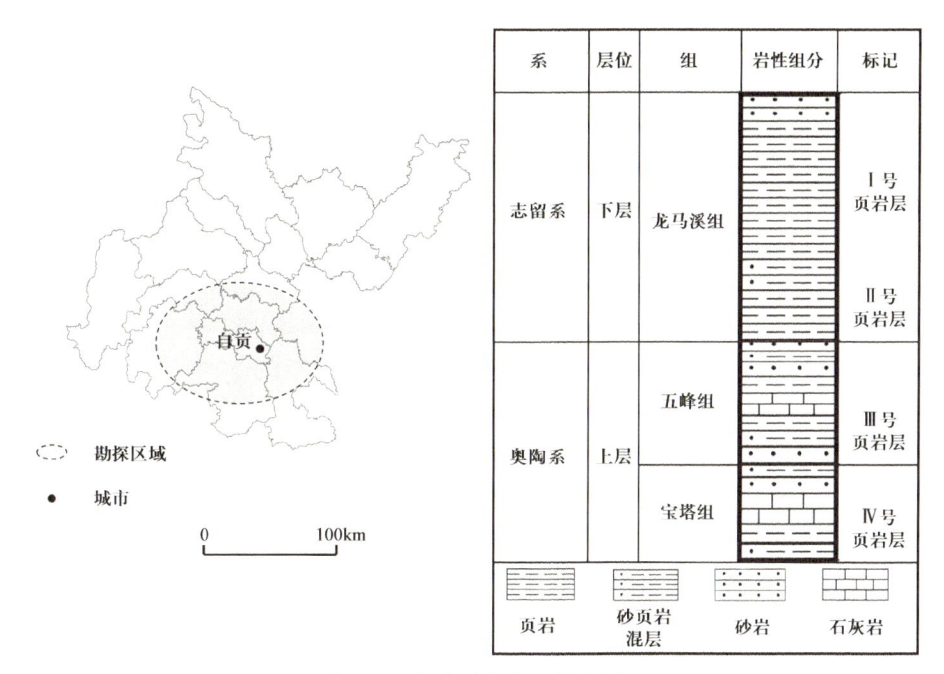

系	层位	组	岩性组分	标记
志留系	下层	龙马溪组		Ⅰ号页岩层
				Ⅱ号页岩层
奥陶系	上层	五峰组		Ⅲ号页岩层
		宝塔组		Ⅳ号页岩层

图例：页岩、砂页岩混层、砂岩、石灰岩

图 5-3　实验页岩岩心的来源

页岩岩心采自川南 H5-1 井，位于四川盆地南部的自贡市境内，岩心取自井下 2500~2800m 的志留系龙马溪组页岩地层，地层为连续性的页岩埋藏储层。页岩样品如图 5-4 所示，页岩岩心的厚度为 50mm，直径为 25mm，孔隙度约为 2.5%，平均孔径为 400nm。页岩的石英、易水化黏土矿物及有机质含量分别为 63%，31% 与 2%。

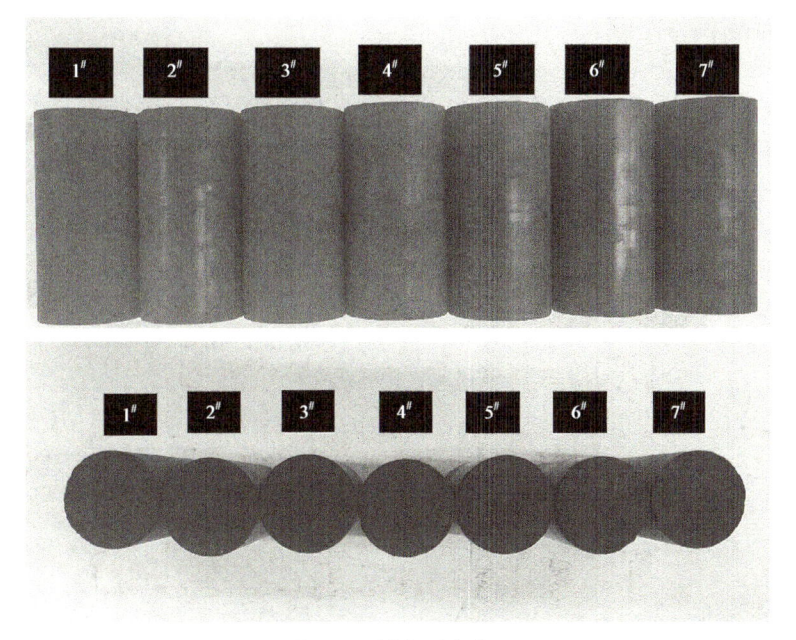

图 5-4　川南页岩岩心

—91—

二、成膜防塌液与三种对比性防塌液的配制

实验的防塌液配方见表 5-1。

表 5-1　实验的防塌液配方

编号	成分
1#	纯水
2#	3% 插层热响应膨润土成膜剂 + 纯水
3#	3% 自锁热响应膨润土成膜剂 + 纯水
4#	3% 纳米自锁热响应膨润土成膜剂 + 纯水
其他三种对比性防塌液	
5#	3% 聚乙烯亚胺 + 纯水
6#	3% 高性能阳离子乳化沥青 + 纯水
7#	3% 高性能阳离子乳化沥青 +1% 纳米二氧化硅 + 纯水

采用插层热响应膨润土成膜剂、自锁热响应膨润土成膜剂及纳米自锁热响应膨润土成膜剂配制了三种热响应膨润土防塌液；同时，为了对比热响应膨润土成膜防塌液的防塌性，进一步采用高性能防塌剂聚乙烯亚胺、高性能阳离子乳化沥青及纳米二氧化硅配制了三种防塌液；上述防塌液的制备温度均为实验室温度（30℃），搅拌配制时间为12h。

三、模拟地层的高温高压预处理实验

为了模拟高温高压地层环境条件，利用海安石油仪器有限公司提供的高温高压驱替系统模拟地层条件下页岩与防塌液的相互作用。该装置的系统单元结构如图 5-5 所示。

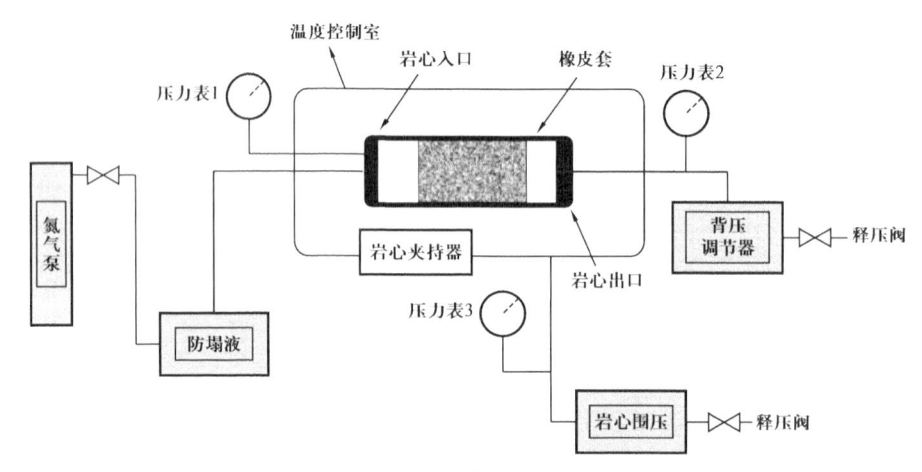

图 5-5　模拟地层环境的页岩预处理系统

该装置系统主要由压力提供装置、温度控制室、岩心夹持装置及压力监管装置构成。实验中,模拟高温高压页岩地层,温度设置为150℃,实验压差为3.5MPa,围压为20MPa。为保证防塌液与页岩充分接触,实验时间设置为6h。之后,将页岩取出,以待后续的实验分析。实验所用防塌液配方见表5-1。此次操作主要为了还原地层环境下防塌液与页岩的接触作用,以便后续对接触后的页岩进行有效性工程评估。

四、页岩水化分析系统

页岩水化的分析系统购自上海纽迈电子科技有限公司,此系统主要由核磁发生装置与数据分析仪组成,如图5-6所示。核磁发生装置主要用于与样品产生磁共振并收集信号,数据分析仪则主要基于磁共振信号进行反演得到T_2谱。

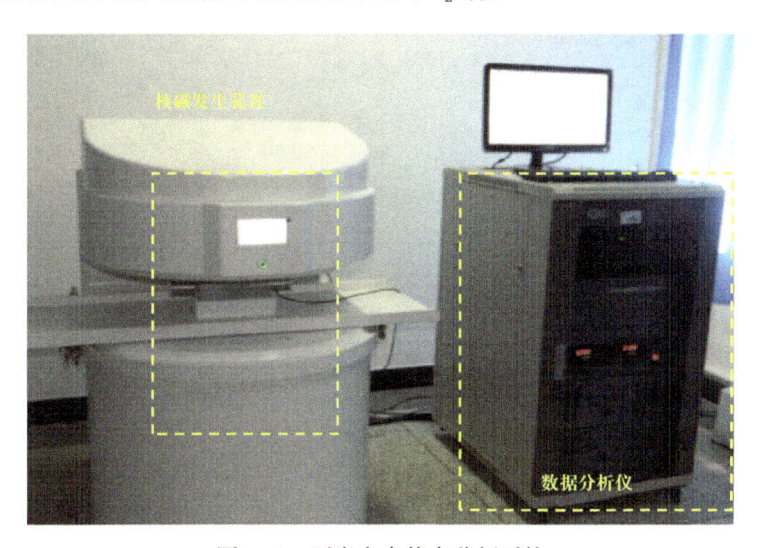

图5-6 页岩含水状态分析系统

实验中,将预处理后的页岩放入LF-NMR全岩心分析系统的样品单元(电子射频频率为23.1MHz、磁体强度为0.5T、探测磁感线圈直径大小为60mm,实验温度在31.99~32.00℃之间),以获得水化页岩的T_2谱图。进一步通过计算T_2谱的积分面积,并将该值代入测定的含水标准方程,含水标准方程如下:

$$y=kx+b \tag{5-8}$$

式中 x——T_2谱图的积分面积;

k——标准方程的斜率;

b——标准方程的截距;

y——标准纯水的质量。

进一步地,结合含水饱和度计算公式,即可计算得到页岩的含水饱和度,换算公式如下:

$$S_w = \frac{m_w}{m_s} \times 100\% \qquad (5-9)$$

式中　S_w——含水饱和度，%；
　　　m_w——页岩含水质量，g；
　　　m_s——页岩的总质量，g。

五、页岩坍塌的工程评估系统

实验采用美国 GCTS 公司的岩石力学分析系统进行页岩坍塌性能的工程评估，实验装置如图 5-7 所示。

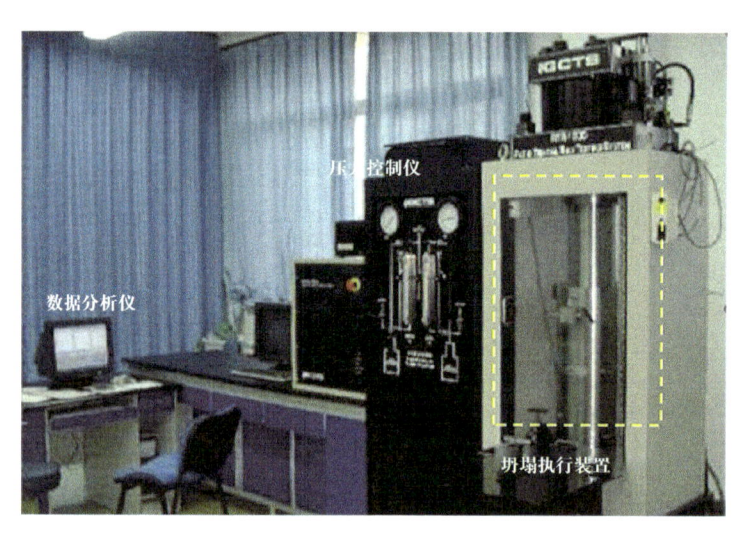

图 5-7　页岩坍塌的力学模拟装置

整个操作系统主要由数据分析仪、压力控制仪及坍塌执行装置三部分组成。

实验位移载荷由压力控制仪进行维持，加载速率为 0.001mm/s，所得横向应变为轴向位移与试样的原始直径的比值。杨氏模量和泊松比分别是根据轴向应力—轴向应变和横向应变—轴向应变的数据进行线性拟合得到的斜率值。

第四节　工程建模及数值模拟

一、Abaqus 数值分析软件

有限元数值分析以电子计算机为手段，通过数值计算和图像显示的方法，达到对工程问题和物理问题乃至自然界各类问题研究的目的，可节约时间、成本。自 20 世纪创立至今，Abaqus 软件已然发展成为一款全球流行的大型工程数值模拟分析软件，广泛应用于桥梁、船舶、航空及地质等工程问题的分析与研究。本书的 Abaqus 数值分析软件由新加坡国立大学支持与提供,共同开展页岩坍塌的数值模拟与研究。

二、研究对象

该数值算例的主要研究对象为四川川南地区的页岩岩心,数值算例主要研究分析水化后页岩岩心的坍塌行为。其中,研究对象为标准页岩圆柱岩心,高度为 50mm,直径为 25mm。

三、材料参数

页岩岩心的尺寸(高度及直径)、页岩岩心的密度及孔隙度根据实验结果进行设定,而页岩的剪胀角、偏心率及流动势偏移量的设定则参考前人研究成果进行设定。数值模拟岩心的参数数值见表 5-2。

表 5-2 数值模拟页岩岩心的模型参数

参数	符号	单位	数值
岩心半径	R	mm	25
岩心高度	H	mm	50
密度	ρ	g/cm³	2.55
孔隙度	ϕ	%	2.5
剪胀角	ψ	°	20
偏心率	ϵ	%	0.1
流动势偏移量	f_{b0}/f_{c0}		1.16

四、单元建立

1. 单元选取

分别采用四面体法与六面体法定义数值模型的单元类型,如图 5-8 所示。图 5-8(a)为四面体单元类型定义的数值模型,而图 5-8(b)则为六面体单元类型定义的数值模型。显然,四面体单元的数值模型的计算"细胞"与计算节点均较多,而六面体单元的数值模型的"细胞"与节点则较少。因此,采用六面体作为计算模拟单元,有利于减少计算量与提高计算效率。

2. 网格划分

按照上述的基本参数与川南页岩岩心的物理尺寸,进一步建立数值分析模型。首先,在网格的划分过程中，需考虑单元密度的问题，图 5-9 分别为密度 3.5mm 与密度 1.0mm 时划分的数值岩心。

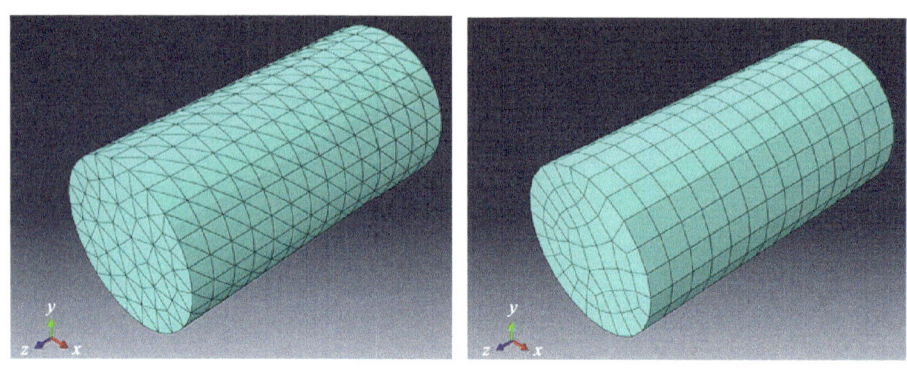

(a)四面体单元　　　　　　　　(b)六面体单元

图 5-8　不同单元类型的数值模型

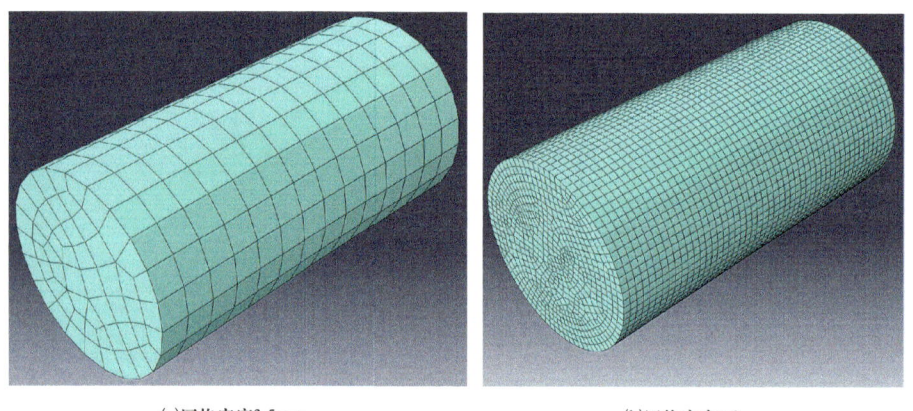

(a)网格密度 3.5mm　　　　　　(b)网格密度 1.0mm

图 5-9　不同网格密度划分后的数值模型

由图 5-9 可以看出，粗网格密度划分后的数值模型，密集程度较低，单元间关联性较差，不利于后续计算，计算误差可能较大。而采用细网格密度划分后，单元密度较高，关联性强，有利于提高计算精度。但单元分布不均匀，对称性差，不利于后续计算，将导致计算报错或增加计算量。

3. 网格优化

为了进一步降低计算量，提高计算准确性，采用了"三点法"对模型进行有效地切割，并对边缘的单元分布进行了有效优化。优化后的数值模型如图 5-10 所示。

与优化前的数值模型相比，优化后模型的单元分布明显更为均匀，如图 5-11 所示，优化后的数值岩心具有更强的单元对称性与单元关联性，网格划分更为均匀，为较好数值计算的分析模型，有利于后续计算分析岩心的坍塌大变形。

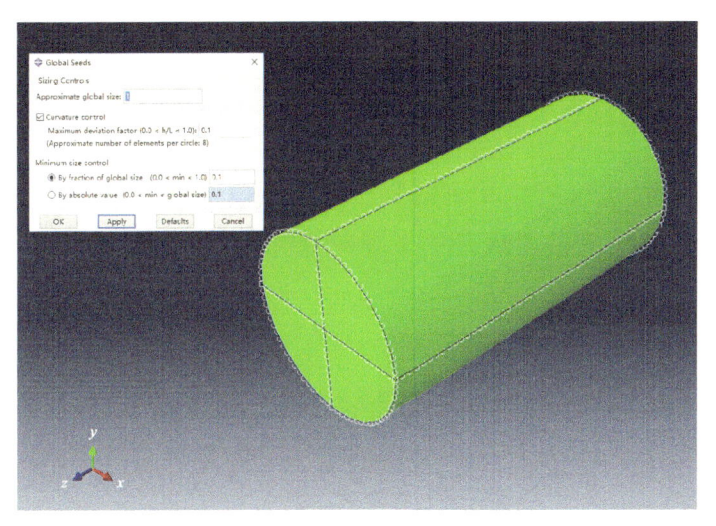

图 5-10　模型切割与优化

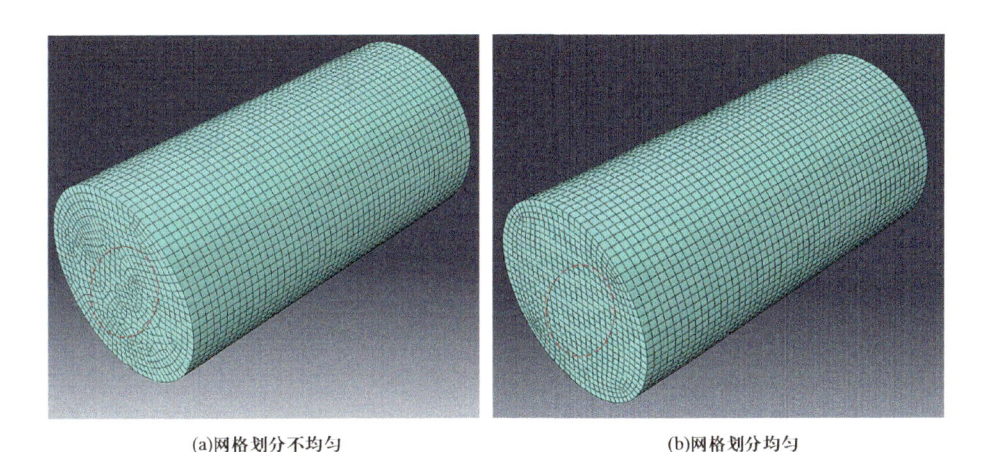

(a)网格划分不均匀　　　　(b)网格划分均匀

图 5-11　模型优化前后的网格划分情况

另外，考虑后续页岩坍塌过程中存在大变形或者单元畸变的问题，属于大应变分析问题，此次数值模拟的单元类型采用线性减缩积分以保证计算收敛，采用三维应力模式计算坍塌过程中的应力变化。为保证计算结果尽可能接近实际案例，不进行刚度控制，不设置额外的单元黏滞系数。

五、算法定义

考虑到分析过程的大变形或非对称变形，未采用传统的标准分析，而采用显示分析分析数值页岩岩心的坍塌行为。分析步的增量步采用全局分析，优化方式为 Dt 法，时间尺度为 1.0。另外，为了有效地提高计算效率，根据页岩质量密度及网格密度，设置质量缩放系数为 100。

六、边界定义

为有效还原数值页岩岩心的坍塌过程，此次算例采用端部固定对数值页岩岩心的底部进行固定，定义三个方向的空间自由位移及转动量均为 0，如图 5-12 所示。

采用位移加载法，定义岩心顶面数值单元的唯一位移为垂直位移，对数值岩心进行压缩，如图 5-13 所示。模拟的加载速率与实际实验的加载速率一致，从而有效模拟页岩的坍塌过程。

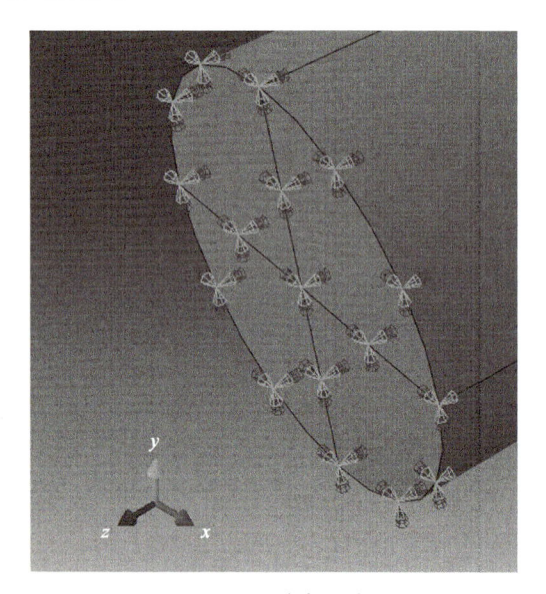

图 5-12　底部固定　　　　　　　　图 5-13　顶部受压

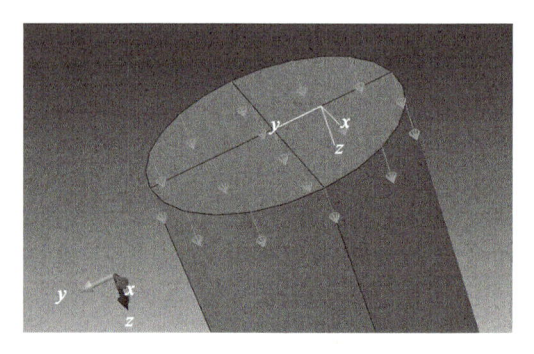

七、模型建立

根据上述实践结果，建立分析数值页岩岩心的模型和工程加载模型，如图 5-14 所示。

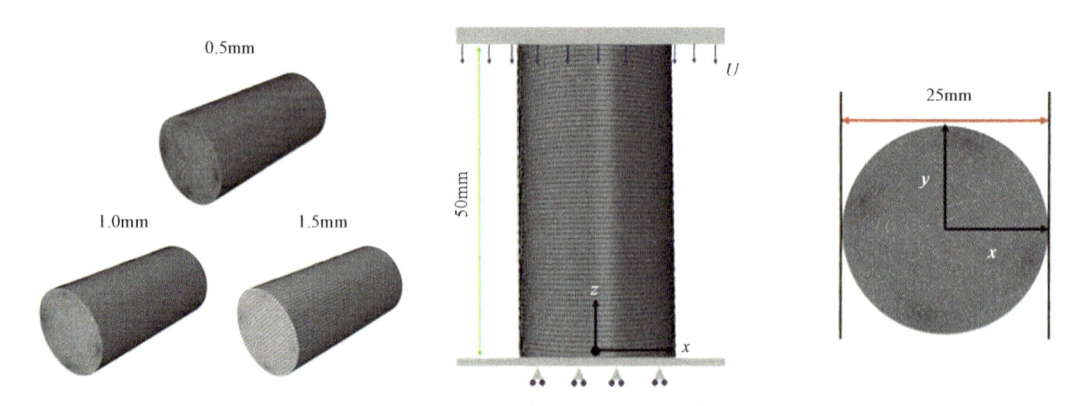

图 5-14　页岩岩心的数值模拟试件及加载模型

圆柱形数值试样几何尺寸与岩样等比例，直径为 25mm，高度为 50mm。在参数分析中，将试样底部的空间位移向量定义为零，加载位移为 5mm，以确保岩样充分坍塌。

有限元类型定义为立方 C3D8R 单元，单元网格大小分别划分为 1.5mm、1.0mm 和 0.5mm。另外，为了解决大变形和非线性的数值问题，本书采用显式算法来模拟页岩的非线性坍塌过程。

在 Abaqus 中，软化规律的定义主要是为了描述加载表面的形状和位置，以及初始屈服后的演化，其中软化定律定义塑性流动中的峰后行为。该演化是由等效的塑性应变驱动，见公式（5-6）和公式（5-7）。

除此之外，该数值模型进一步定义了流动规则，以模拟塑性变形的方向和大小。本书利用一种非相关的势流规则，以模拟坍塌的潜在无序性，势函数 G 具有鼓浆型双曲形式：

$$G = \sqrt{(e\sigma_{t0}\tan\psi)^2 + \overline{q}^2} - \overline{p}\tan\psi = 0 \quad (5-10)$$

式中　ψ——p—q 平面的剪胀角，rad；

σ_{t0}——单元所受拉应力，MPa；

e——势函数的偏心率，取值 0.1；

$\overline{p}$，$\overline{q}$——过渡函数。

由于其连续性和平滑性，此势函数可以同时提高非线性数值计算的收敛性。因此，此工程模拟模型可以更为有效地评估页岩的坍塌情况及其发展趋势。

第五节　热响应膨润土对页岩水化的影响及对比性研究

一、热响应膨润土成膜防塌液对页岩水化的影响

首先采用低场核磁共振技术探测了高温高压纯水作用后的页岩的含水特征，如图 5-15 所示。

经纯水侵蚀后的页岩中同时存在结合水与自由水，其中大部分为结合水，即与页岩中易水化黏土相结合的水。根据 T_2 谱图，岩石中结合水与自由水各自所占比例分别为 95.2% 与 4.8%，对应的饱和度分别为 3.74% 与 0.19%。这主要是因为黏土水化涉及较强的化学作用，而自由水则主要游离在外部孔道之中，不存在显著的束缚力，所以大部分吸收的水为与内部黏土相结合的结合水，这也是页岩水化的根本原因。

因此，进一步探讨热响应膨润土成膜防塌液对页岩水化的影响，实验结果如图 5-16 所示。

实验采用插层型热响应膨润土成膜防塌液对页岩进行防护后，结果分析表明插层型热响应膨润土成膜剂对页岩内部含水增长具备一定的抑制效果，较纯水充分作用后的页岩含水情况，页岩内部含水降低幅度为 41.5%。根据 T_2 谱的峰面积变化，自由水的变化并不

明显，其内部含水的减少主要是归功于结合水含量的减少。而这有利于遏制页岩内部黏土的水化，阻止页岩进一步的恶性水化坍塌。

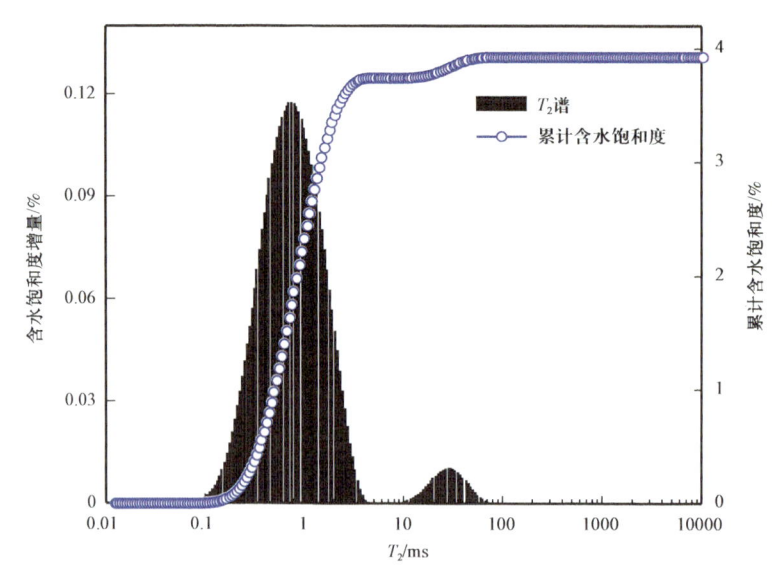

图 5-15 纯水作用后页岩的 T_2 谱图

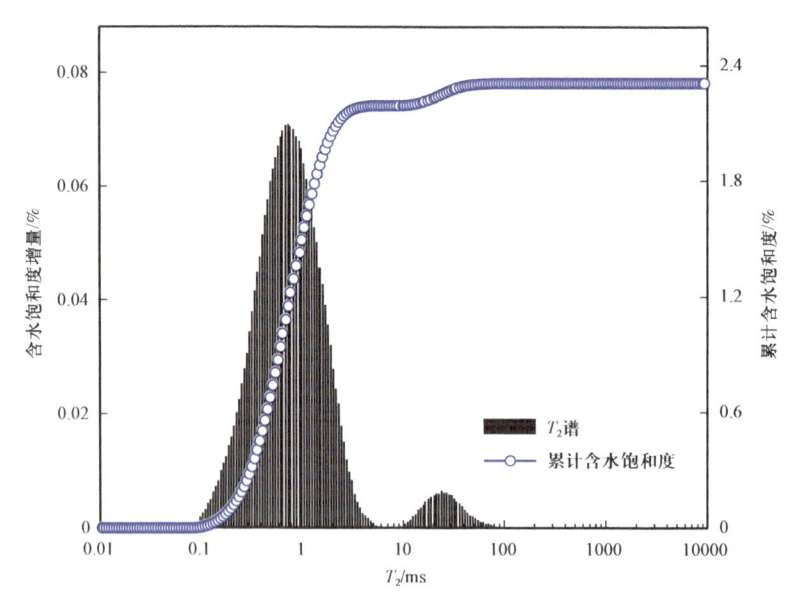

图 5-16 插层膨润土作用后页岩的 T_2 谱图

而自锁型热响应膨润土成膜防塌液对页岩进行高温高压防塌实验后的页岩内部含水如图 5-17 所示。

由图 5-17 可以看出，采用自锁膨润土成膜剂进行防塌后，页岩内部含水进一步减少，较插层膨润土成膜剂的作用效果，总含水饱和度减少幅度为 62.6%，黏土结合水的减少幅度为 63.0%，说明自锁膨润土具备较强的高温防塌性，有效阻止了高温条件下水分的进一步侵入。

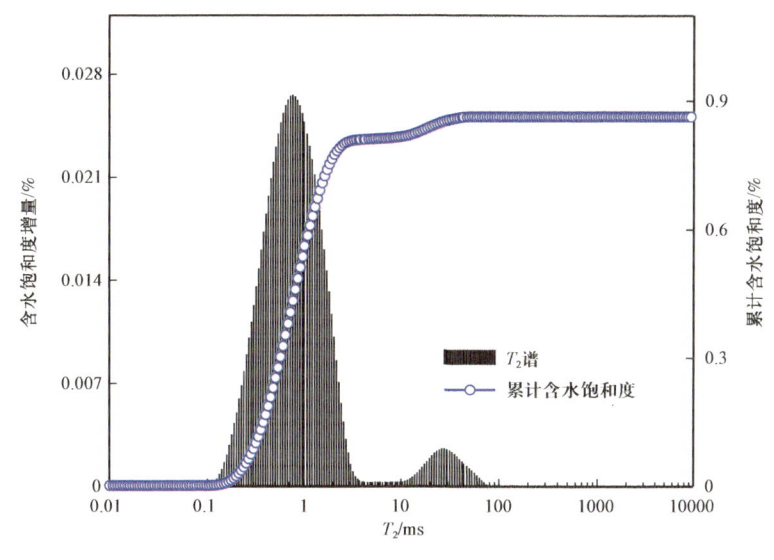

图 5-17　自锁膨润土作用后页岩的 T_2 谱图

另外，页岩内部自由水的变化也不明显，说明页岩中并不存在因水化而构建的显著的孔隙发育或裂纹扩展，其孔隙结构仍与原始页岩的孔隙结构相似，再次证明了自锁膨润土成膜剂对外侵水分的阻挡作用，起到了减少内部结合水，缓解黏土水化滑移，保护页岩孔隙结构的作用。

基于此，本章进一步分析了纳米自锁膨润土成膜剂对页岩的防护效果，经纳米自锁膨润土成膜剂作用后的页岩的含水状态如图 5-18 所示。

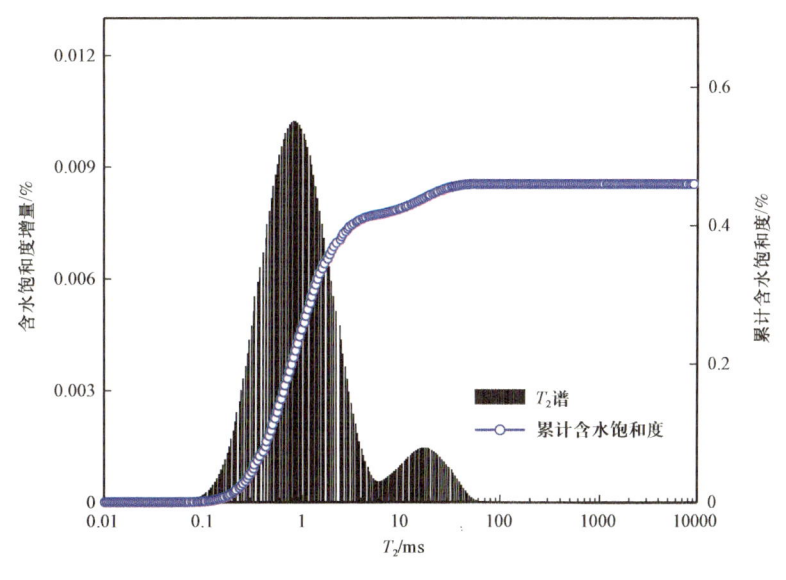

图 5-18　纳米自锁膨润土作用后页岩的 T_2 谱图

由图 5-18 可以看出，页岩中仍存在结合水与自由水，但是 T_2 谱发生了显著的变化，结合水与自由水的 T_2 峰首次发生交叉，这说明页岩中的自由水未完全脱离于结合水，这可能是因为黏土未被充分水化（表面水化），故而对外部游离的水存在一定的化学牵引力，以吸收更多水分子实现黏土的充分水化。

另外，较上述自锁膨润土成膜剂的处理效果，含水饱和度减少幅度为 49.3%，结合水的减少幅度为 46.5%。相较于自锁膨润土成膜剂的防塌效果，纳米自锁膨润土成膜剂具有更强的阻水作用，更有利于稳定页岩结构，防止页岩恶性坍塌。

二、与其他三种防塌液的对比

为了进一步说明自锁膨润土及纳米自锁膨润土成膜防塌液对页岩的防护作用，本章继续研究了不同类型防塌液对页岩水化的影响。首先，采用高性能的页岩防塌用的树枝状聚合物（聚乙烯亚胺）抑制性防塌液对页岩进行防塌，实验结果如图 5-19 所示。

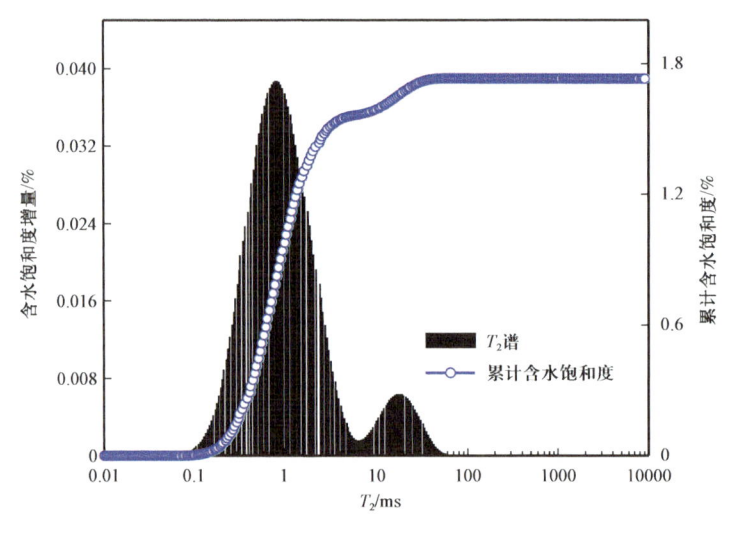

图 5-19　聚乙烯亚胺作用后页岩的 T_2 谱图

由图 5-19 可知，聚乙烯亚胺作用后页岩的结合水与自由水饱和度分别为 1.56% 与 0.17%。其中，结合水的含量均远高于自锁膨润土或纳米自锁膨润土成膜防塌液作用后页岩的结合水含量。这可能是因为聚乙烯亚胺中存在较多的亲水性基团，其本体会与水分子产生结合，也有可能是因为聚乙烯亚胺无法形成有效的隔离膜，从而大量的水分侵入页岩内部，构成了水化作用。

特别是其中自由水的 T_2 峰明显向左移动，这一方面可能是因为黏土未被充分水化所致，另一方面则也可能是由于聚乙烯亚胺中存在较多亲水性的伯胺、仲胺基团，对本该游离的水分子产生了弱氢键吸附作用。

另外，本章进一步采用高性能阳离子乳化沥青对页岩实施高温高压的防塌实验。阳离子乳化沥青对页岩的防护作用如图 5-20 所示。

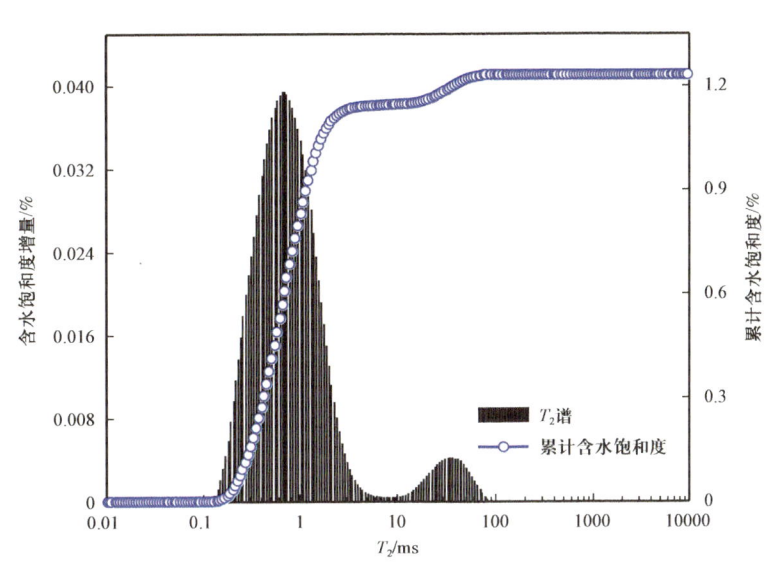

图 5-20　高性能阳离子乳化沥青作用后页岩的 T_2 谱图

由图 5-20 可知，高性能阳离子乳化沥青对页岩的防护作用强于聚乙烯亚胺，页岩的总含水饱和度降低 28.9%，结合水的饱和度降低 26.9%。这主要是因为高性能阳离子乳化沥青可以形成致密膜封堵，极大地降低水分的侵入量。除此之外，自由水 T_2 峰也完全脱离结合水的 T_2 峰，说明高性能阳离子乳化沥青与聚乙烯亚胺的防塌方式不同，高性能阳离子乳化沥青主要通过成膜在页岩孔隙前端或外端形成隔离膜，对孔隙内部的水分运动影响较小。因此，高性能阳离子乳化沥青具备一定的阻水性，有助于遏制页岩发生恶性坍塌，但其含水饱和度仍然较大。

因此，进一步引入纳米二氧化硅以对页岩内部孔隙结构进行封堵，提高封堵强度，减小页岩中水分的侵入量，实验结果如图 5-21 所示。

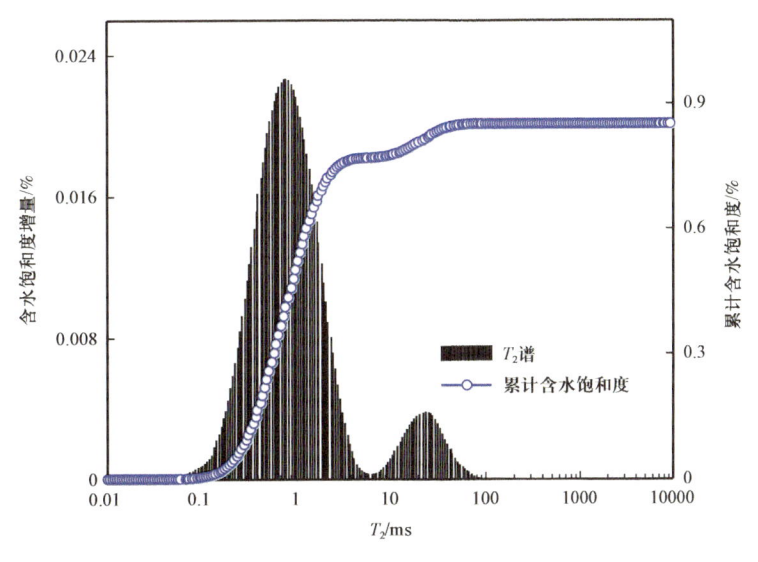

图 5-21　高性能阳离子乳化沥青 + 纳米二氧化硅作用后页岩的 T_2 谱图

图 5-21 中主要描述了高性能阳离子乳化沥青+纳米二氧化硅复合防塌液作用后页岩的 T_2 谱分布及两种水的变化情况。结合水与自由水均存在明显的变化，页岩中结合水含量进一步减少 0.37%，这说明复合防塌液有效地提高了成膜封堵性，使得较少的水分进入页岩内部并与黏土发生结合。尤其是自由水的峰面积增大，且自由水的 T_2 峰向左移动，并与结合水的 T_2 峰结合在一起，这证实了纳米二氧化硅的作用。这是因为一部分纳米二氧化硅进入了页岩纳米级微孔隙，由于纳米二氧化硅的亲水性，其可以与部分游离水分子相结合，并对其产生了一定的运动束缚作用。综上，复合后的防塌液极大地提升了阳离子乳化沥青的成膜封堵能力，极大地降低了侵入页岩内部孔隙的水量。

三、对比性实验的研究结果

上述三种不同防塌液与热响应膨润土成膜防塌液对页岩水化的影响如图 5-22 所示。

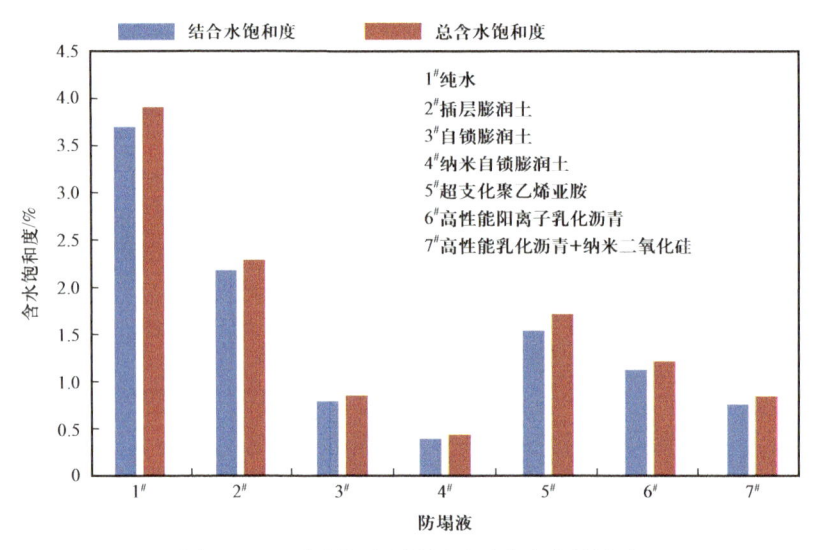

图 5-22 不同类型防塌剂对页岩水化的影响

$2^\#$、$3^\#$、$4^\#$、$5^\#$ 与 $6^\#$ 中防塌剂含量均为 3%，$7^\#$ 中高性能阳离子乳化沥青含量为 3%，纳米二氧化硅含量为 1%

可以看出，在高温高压条件下，纯水作用后的页岩的水化程度严重。实验防塌液均可有效降低页岩的含水量，其作用效果为 $4^\# > 7^\# > 3^\# > 6^\# > 5^\# > 2^\#$，纳米自锁膨润土的防塌效果最佳，强于高性能乳化沥青与纳米二氧化硅的协同作用，远强于超支化聚乙烯亚胺的防塌性。而插层膨润土的防塌效果则较差，这可能是因为温度过高致使层间交联的插层分子进一步地被分散。

图 5-23 则进一步对比描述了所研究的防塌剂在高温高压条件下对页岩水化的抑制率。实验结果的抑制率均以纯水的水化效果作为参照，其计算公式如下：

$$R = \frac{\phi_0 - \phi_i}{\phi_0} \times 100\% \tag{5-11}$$

式中　　R——含水抑制率，%；
　　　　ϕ_i——防塌液作用后的页岩的结合水（总含水）的饱和度，%；
　　　　ϕ_0——纯水作用后的页岩的结合水（总含水）的饱和度，%。

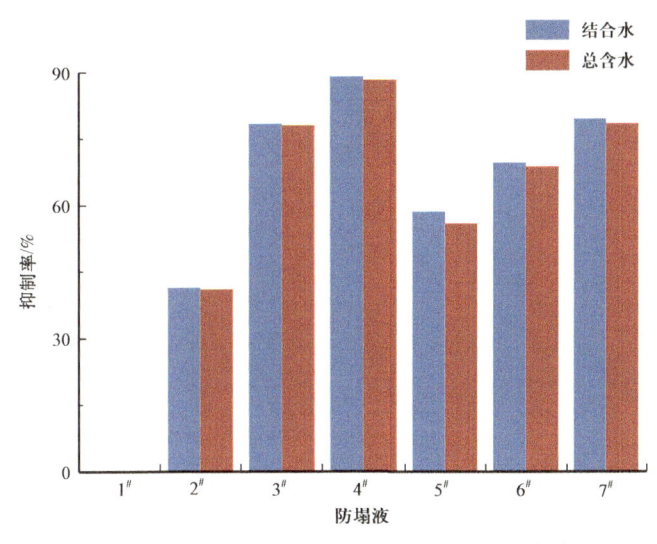

图 5-23　不同类型防塌液对页岩水化的抑制率

由图 5-23 可以看出，不同防塌液作用后的页岩中结合水的抑制率与总含水的抑制率基本一致，说明页岩的水化主要是由于黏土水化结合水所致。

另外，实验防塌液对结合水的抑制率均大于 30%，说明上述防塌液均为有效的防塌液，3# 与 7# 的抑制性相一致，抑制率均大于 75%，再次说明自锁膨润土成膜防塌液为高效的防塌液，其单剂作用效果媲美于超细纳米二氧化硅与高性能阳离子乳化沥青的协同作用。

值得一提的是，4# 防塌液即纳米自锁膨润土成膜防塌液的抑制率趋于 90%，充分说明了纳米自锁膨润土成膜防塌液的高效阻水性。

第六节　自锁膨润土对页岩水化坍塌的影响及作用机理研究

一、页岩坍塌分析及工程数值模拟

页岩坍塌是井壁失稳的重要原因，致使钻井成本极大地增加。因此，对页岩的坍塌行为进行实验与模拟，其研究结果如图 5-24 所示。由图 5-24 可见，当载荷名义应力超过页岩的结构屈服应力时，页岩开始丧失结构强度，展现出损伤行为。可承载应力随应变增长而减小，在 1‰~2‰ 的应变范围内，页岩彻底丧失结构刚度，表明页岩已彻底受载荷而坍塌。实验及模拟表明页岩的塑性变形量占整体变形量的比值小于 5%，且损伤阶段的下降曲线趋于垂直，可判定此实验的页岩受载坍塌的行为归属于脆性破裂。

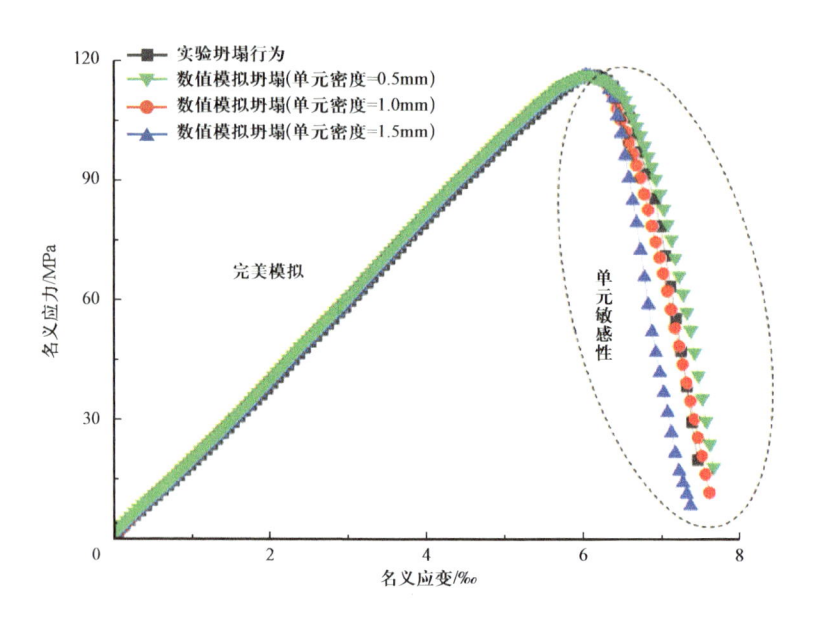

图 5-24　未处理页岩坍塌的数值模拟

为了对页岩的脆性破裂进行准确的数值模拟，共设计三种不同单元尺寸（s=0.5mm；s=1.0mm；s=1.5mm）的数值模型。数值模型通常具备单元敏感性，单元尺寸的减小有利于提高计算的收敛性，使计算结果趋于真实值。但是过度地减小单元尺寸则可能致使单元敏感的现象，产生不必要的畸变，使计算过于收敛。

模拟结果表明，单元密度为 1.5mm 时，上升段模拟曲线可以较好地与实验曲线相吻合，但下降段则偏离于实验结果，模拟加速曲线下降，这主要是因为单元密度较大致使整体变形加速。而进一步细化网格，则可细化坍塌段的曲线变化，模拟页岩内部微裂纹的形成。实验表明、当细化网格达到 1.0mm 时，模拟结果可以较好地与实验曲线相吻合。然而，随着进一步地细化网格，坍塌模拟曲线偏离实验结果曲线，这主要是因为网格计算已过于收敛，网格密度 1.0mm 为此页岩的最佳网格计算密度。因此，后续模拟均以 1.0mm 作为单元分析的计算密度。

二、其他三种防塌液对页岩水化坍塌的影响及模拟

为了充分说明自锁膨润土的防塌性，本书筛选了油田常用高性能防塌剂聚乙烯亚胺（PEI），高性能阳离子乳化沥青及辅助剂纳米二氧化硅进行防塌性的对比评价。不同类型防塌剂对页岩坍塌的影响如图 5-25 所示。

由图 5-25 可知，高性能阳离子乳化沥青是一种有效的防塌剂，与上述纯水作用后的页岩的承压能力相比，经沥青防护后的页岩承压能力提高 26.7%，这是因为阳离子乳化沥青具备高温软化性能，可嵌入页岩孔隙，防止后续水分侵入。另外，其坍塌损伤的最大衍变量也显著地减小，塑性变形区间缩减，说明阳离子乳化沥青可以有效地防护页岩，以免

(a)聚乙烯亚胺

(b)高性能阳离子乳化沥青

(c)高性能阻离子乳化沥青+纳米二氧化硅

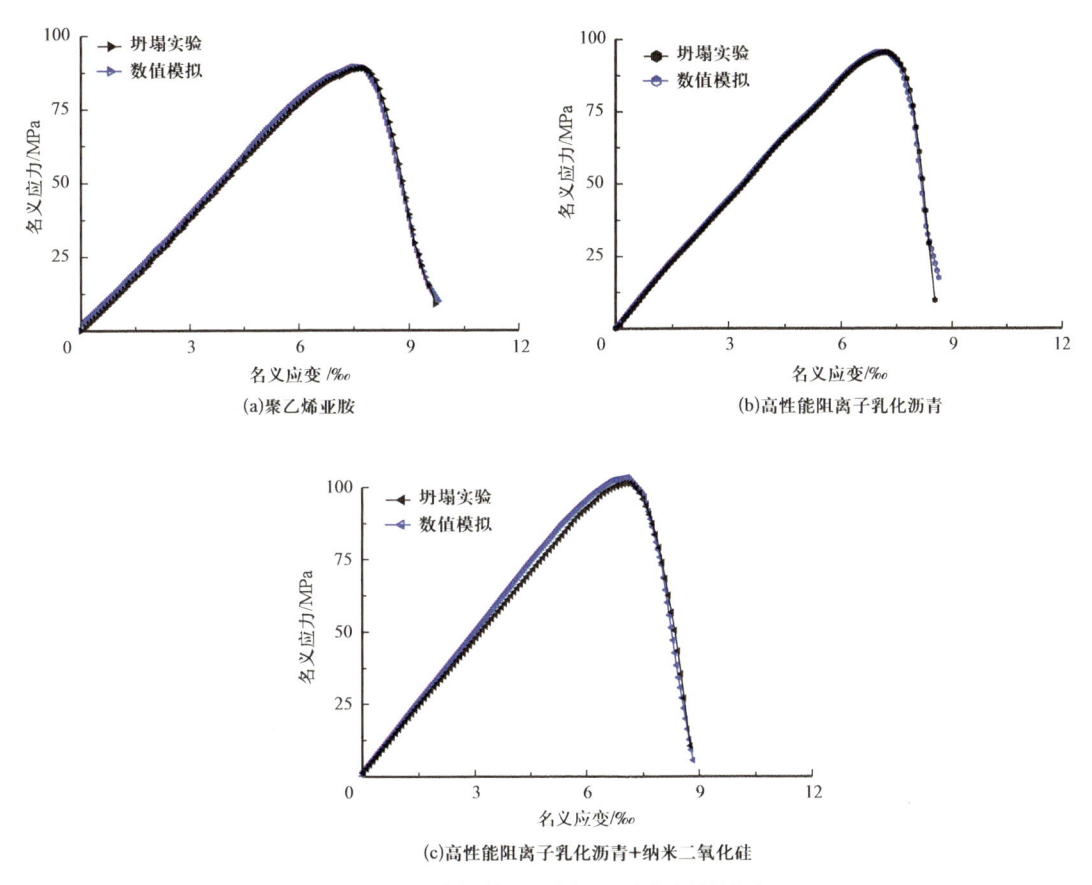

图 5-25 高性能防塌剂对页岩坍塌的影响

其被水分侵蚀。然而，页岩的弹性模量与原始弹性模量相比，降低幅度仍高达29.5%，实验表明阳离子乳化沥青不能有效地保证页岩的结构强度，这是因为沥青具备较强的亲水性，大量的水分子仍可穿透其所成的封堵性膜结构。

进一步采用最近学者提出的高性能防塌剂聚乙烯亚胺（PEI）进行防塌评价。高性能防塌剂聚乙烯亚胺（PEI）由上海交通大学颜德岳院士研发，由于该分子结构具备美妙的树枝状结构和大量的亲疏水基团而被引进为页岩防塌剂。但目前大量的文献报道均为其与黏土直接作用的实验，其对黏土水化膨胀的抑制率可达90%，未见其与页岩的直接作用的相关报道。

因此，首次采用聚乙烯亚胺对页岩进行防塌，实验结果如图5-25（a）所示。由图5-25（a）可以看出，聚乙烯亚胺对页岩具备一定的防护性，与纯水作用后的页岩相比，最大承压能力有所提高，坍塌损伤衍变量也由2.61‰降至2.01‰，减少幅度为23.0%，表明聚乙烯亚胺对页岩内部结构有一定的稳定作用。但与上述阳离子乳化沥青的作用效果相比，聚乙烯亚胺的防塌性弱于阳离子乳化沥青的防塌性，这主要是因为聚乙烯亚胺不具备较强的成膜能力，且聚乙烯亚胺无法形成封堵，无法有效填充页岩孔隙。另外，聚乙烯亚胺也无法保证充分与页岩表面的黏土相结合。综上，聚乙烯亚胺并不具备较强的防塌性。

因此，笔者进一步采用"软+硬"的防塌思想，将上述柔性的阳离子乳化沥青与油田常用的刚性纳米二氧化硅相结合，以提高阳离子乳化沥青的封堵防塌的结构强度。实验结果如图 5-25（c）所示，由图 5-25（c）可知结合后的防塌液具备显著的防塌效果，最大承压能力进一步被提高，与之前阳离子乳化沥青的防塌效果相比，最大承压能力提高 6.30%，对应的防塌率提高 14.04%。同时，其坍塌损伤曲线更多地表现为脆性特征，表明页岩结构得到了良好的保护。

三、自锁膨润土防塌液对页岩水化坍塌的影响及模拟

本书主要分析了自锁膨润土的防塌性，对比研究了高温高压条件下纯水、自锁膨润土及纳米自锁膨润土驱替后，原始页岩的坍塌行为变化，如图 5-26 所示。由图 5-26 可知，与纯水相互作用后，页岩的最大承载压力显著减小，约为实验前原始页岩的最大承载压力的一半。这主要是因为大部分水分在高温高压条件下，有效地侵入页岩内部，造成页岩结构强度减小，实验表明纯水作用后的页岩的有效弹性模量由 20.46GPa 降至 10.62GPa，减小幅度为 48.09%。另外，页岩的坍塌衍变量的增长量也将近为实验前原始页岩的损伤量的两倍。综上，高温高压条件下水分的侵入有效造成了页岩的恶性坍塌。

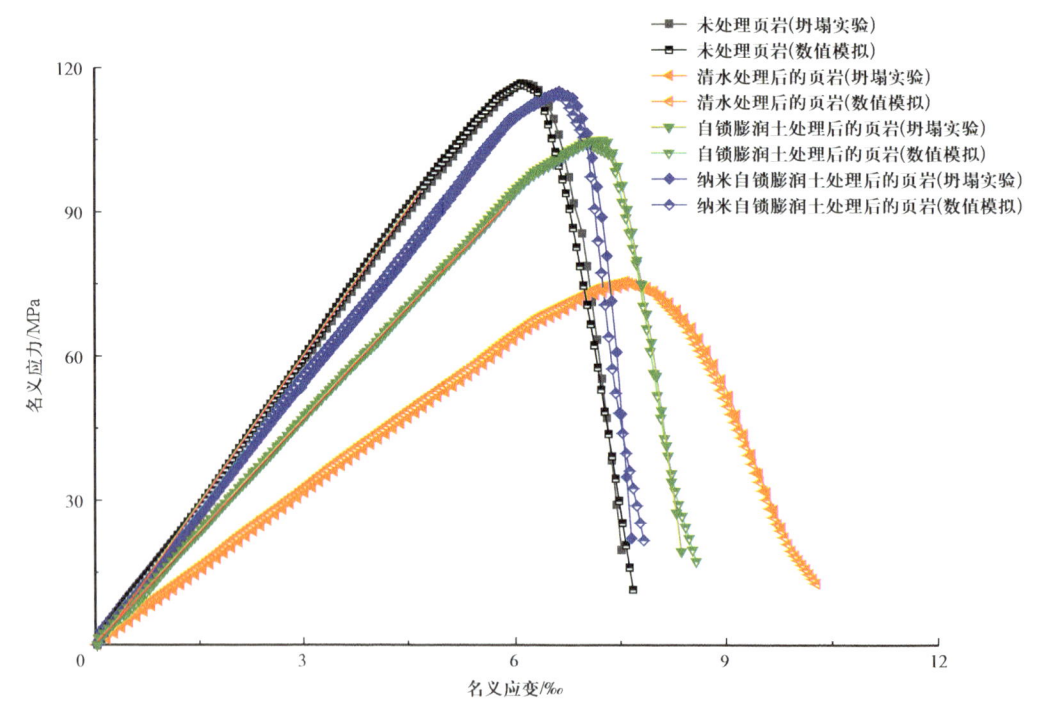

图 5-26 自锁型膨润土对页岩坍塌的影响

基于此，本书进一步分析模拟实验了高温高压条件下自锁膨润土对页岩的相互作用，并对作用后的页岩进行动加载条件下的坍塌行为剖析。实验结果表明自锁膨润土可以有效地防止页岩坍塌。与纯水的作用相比，采用微米级自锁型膨润土对页岩进行防护

后，页岩的最大承载压力提高42.3%，坍塌损伤的衍变量减小幅度为51.6%，弹性模量也增至15.54GPa，提升幅度为46.33%。这说明经自锁膨润土防护后页岩的结构强度显著地增强，表明大部分页岩结构未被水化侵蚀，实验结果与核磁共振的含水分析结果相一致。

为了进一步更好地防止页岩与水分接触，本书采用纳米自锁膨润土进行成膜防护，实验结果如图5-26所示。实验结果表明，纳米自锁膨润土作用后页岩的结构强度进一步被提升。令人满意的是，其最大承载压力接近原始页岩的最大承载压力，且坍塌损伤衍变的形变量首次小于原始页岩的坍塌形变量，这是因为部分纳米膨润土进入页岩内部结构成膜，提高了页岩的内部强度，使得页岩孔隙减小，故而页岩坍塌可产生的塑性损伤减小。然而，经纳米自锁膨润土防护后的页岩的弹性模量仍有所减小，且表现出明显的塑性承载区间，说明页岩的结构仍有部分被水化侵蚀，这与上述核磁的表征结果相一致。这主要是因为此页岩的黏土含量较高，易与水结合，产生微观膨胀与分散，从而造就了刚性页岩的塑性转化。

综上所述，自锁膨润土与纳米自锁膨润土均可有效地防止页岩坍塌的恶性发展，基于最大承载压力的变化，其防塌率分别为71.8%与94.9%。与上述实验结果对比，纳米自锁膨润土的防塌性强于高性能阳离子乳化沥青与纳米二氧化硅的组合，而自锁膨润土的防塌性则强于高性能阳离子乳化沥青的防塌性。

四、自锁膨润土对页岩坍塌损伤的影响及对比

除此之外，本书也对上述经防塌液防护后页岩的坍塌行为进行了工程数值模拟。工程数值模拟以损伤力学为基础，根据页岩实验曲线所表现出的屈服、损伤及坍塌特性，分别设定了屈服应力、损伤变量及坍塌衍变对其坍塌过程进行重述。同时，分析中采用显式计算模型对坍塌过程中非线性大变形单元进行计算，通过增大计算时间，保证能量充分地被耗散，防止单元畸变，从而实现准静态的压缩坍塌过程。

模拟结果表明，在有限单元密度1.0mm的建模条件下，模拟结果基本可以与实验结果相吻合，实现了对坍塌损伤的衍变曲线段的重述。其模拟的坍塌结果如图5-27所示，由图5-27可以看出不同防塌液作用后的页岩的坍塌显著不同，说明防塌液的性能极其重要。根据三维等效Mises应力分布云图，实验页岩均完全坍塌，但部分页岩经水分侵蚀后，反而坍塌不彻底，部分构造仍存在残余应力分布，这主要是因为水化促进了页岩的塑化，断裂能释放速度减慢。

接下来，本章分析对应的坍塌页岩的损伤分布，如图5-28所示。由图5-28可以看出原始页岩的坍塌损伤具有较强的规律性，损伤层理交错垂直分布，裂纹垂直于水平损伤段进行衍生，这是典型的脆性坍塌模式。这与页岩的沉积层理结构有关，页岩是以相互平行的书页状进行成岩，这就决定了其主要是脆性破裂特征。而经纯水侵蚀后的页岩，其塑

性坍塌面积显著增大，脆性特征减弱，坍塌损伤面积显著增大。其余防塌剂则可有效防止页岩坍塌损伤的发育，仅从表面损伤情况来看，纳米自锁膨润土对页岩坍塌损伤的抑制效果最佳。

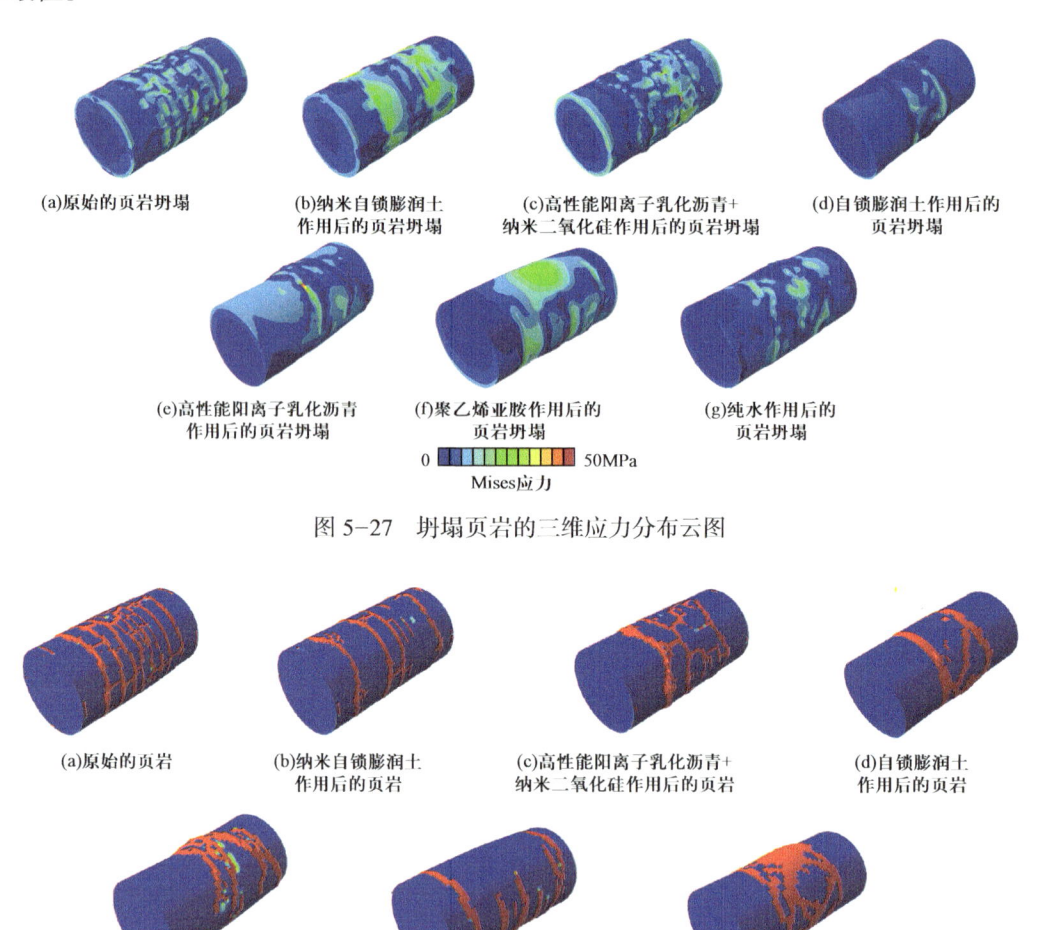

(a)原始的页岩坍塌　(b)纳米自锁膨润土作用后的页岩坍塌　(c)高性能阳离子乳化沥青+纳米二氧化硅作用后的页岩坍塌　(d)自锁膨润土作用后的页岩坍塌

(e)高性能阳离子乳化沥青作用后的页岩坍塌　(f)聚乙烯亚胺作用后的页岩坍塌　(g)纯水作用后的页岩坍塌

0　Mises应力　50MPa

图 5-27　坍塌页岩的三维应力分布云图

(a)原始的页岩　(b)纳米自锁膨润土作用后的页岩　(c)高性能阳离子乳化沥青+纳米二氧化硅作用后的页岩　(d)自锁膨润土作用后的页岩

(e)高性能阳离子乳化沥青作用后的页岩　(f)聚乙烯亚胺作用后的页岩　(g)纯水作用后的页岩

0　坍塌损伤d_c　0.9

图 5-28　坍塌页岩的三维坍塌损伤的分布云图

五、水化坍塌页岩的内部损伤特征描述

进一步模拟分析其内部的坍塌结构，如图 5-29 所示，由图 5-29（a）可以看到原始页岩的坍塌呈规律性的网状分布，并汇聚于页岩的核心，说明页岩坍塌的裂纹发育集中于页岩的核心，是以页岩核心为主，向四周发育的坍塌损伤结构。然而，纯水作用后的页岩的坍塌状况则如图 5-29（g）所示。从图 5-29（g）中可以看出，经纯水侵蚀后的页岩的

坍塌与原始页岩的坍塌构造完全不同。页岩表面损伤的裂纹数减少，但裂纹的面积增大且成片状分布，为典型的塑性损伤特征。这主要是由于页岩内部被水化侵蚀，从而导致大面积的连续性塑性损伤。

(a) 原始的页岩　　(b) 纳米自锁膨润土作用后的页岩　　(c) 高性能阳离子乳化沥青+纳米二氧化硅作用后的页岩　　(d) 自锁膨润土作用后的页岩

(e) 高性能阳离子乳化沥青作用后的页岩　　(f) 聚乙烯亚胺作用后的页岩　　(g) 纯水作用后的页岩

坍塌损伤 d_c ：0 ～ 0.9

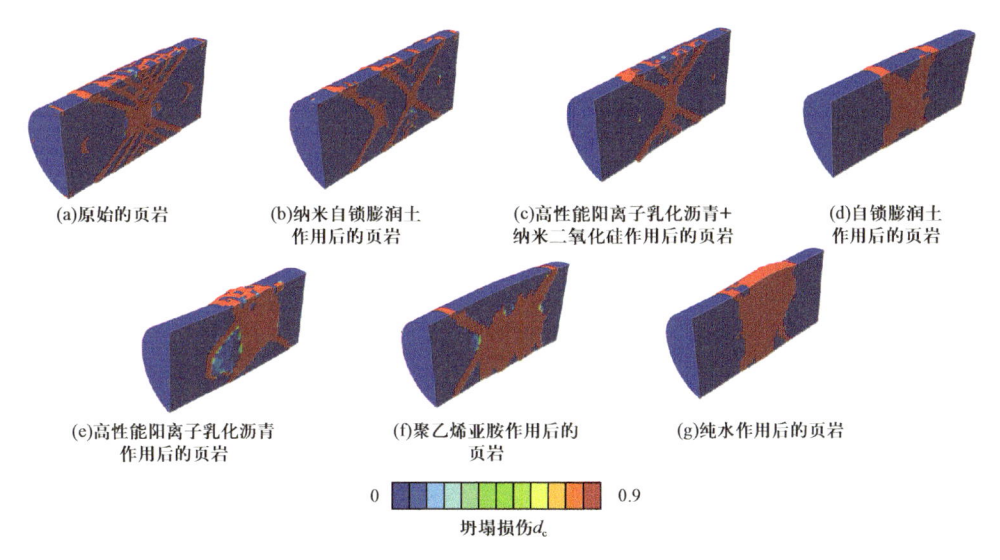

图 5-29　坍塌页岩的三维坍塌损伤剖面的分布云图

而采用高性能阳离子乳化沥青防护后的页岩坍塌特征则如图 5-29（e）所示。与纯水作用后的页岩相比，阳离子乳化沥青防塌液作用后的页岩的塑性坍塌特征有所减少，坍塌后的页岩具备一定的承载能力，三维结构模拟可见残余 Mises 应力，但仍存在大面积的持续性坍塌损伤。模拟结果可由上一章低场核磁共振实验结果解释，即阳离子乳化沥青可阻挡部分水分侵蚀，但无法阻断水分侵入，无法阻断页岩内部黏土的水化分散，因此仍产生了黏性的塑性坍塌过程。相似地，在模拟聚乙烯亚胺、纳米二氧化硅+阳离子乳化沥青及自锁膨润土作用后的页岩的坍塌过程中［图 5-29（f）至图 5-29（d）］，仍发现其外表面损伤纹路减少，但其内部存在成片的塑性损伤区，为结构水化后的塑性坍塌特征。模拟结果表明，上述防塌液均不能完全地遏制页岩结构因水化而产生的塑性坍塌。不同的是，在自锁膨润土或高性能阳离子乳化沥青+纳米二氧化硅作用后，页岩的结构损伤面积显著减少，说明这两者具有较强的阻水疏水功效。然而，高性能阳离子乳化沥青+纳米二氧化硅作用后的页岩的脆性破裂特征更为明显，更接近于原始页岩的破裂特征，说明高性能阳离子乳化沥青+纳米二氧化硅的防塌效果更佳。

特别是采用制备的纳米自锁膨润土可以进一步阻止页岩的塑性转变，提高其结构强度，起到较好的防塌效果。其防护后的页岩的三维坍塌应力及损伤分布如图 5-27（b）、图 5-28（b）与图 5-29（b）所示。与原始页岩的坍塌效果相比，纳米自锁膨润土作用后的页岩的表面残余 Mises 坍塌应力提高，表面坍塌损伤裂纹减少，内部坍塌损伤也有所减少，但仍存在少量的塑性坍塌特征。

综上分析，页岩的坍塌实验与数值模拟对自锁膨润土、纳米自锁膨润土及其他高性能防塌剂进行了有效的评估与验证，实验及分析结果得出水分侵蚀后的页岩坍塌特性发生了显著的转变，由脆性断裂衍变为塑性破裂，同时，其结构强度及模量均减小，这是水分侵蚀后结构疏松所致。实验及模拟结果表明，上述防塌剂的防塌效果为：纳米自锁膨润土＞高性能阳离子乳化沥青＋纳米二氧化硅＞自锁膨润土＞高性能阳离子乳化沥青＞聚乙烯亚胺。

六、热响应膨润土对页岩水化坍塌的作用机理概述

根据上述理论与实践结果，这里进一步提出热响应膨润土对页岩水化坍塌的作用机理，如图 5-30 所示。

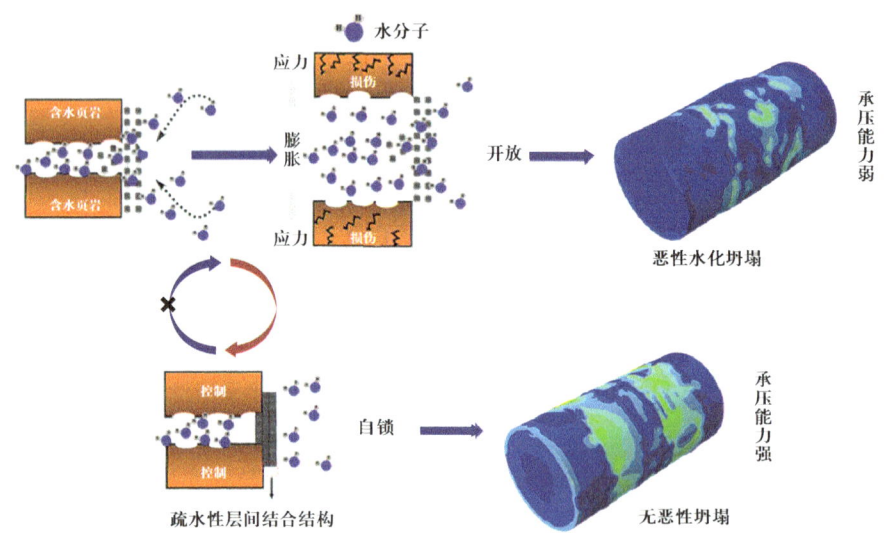

图 5-30 热响应膨润土对页岩水化坍塌的作用机理图

对于常规的水化进程，水分子运动将随温度升高而加剧，进一步地渗入页岩内部并与内部黏土矿物结合，页岩内部结合水含量显著提高，诱使页岩内部的微裂纹发育。

另一方面，传统防塌剂则会因为高温防塌性减弱，空隙增大，易于水分子渗流，页岩的承压能力减弱，造成页岩恶性水化坍塌，严重时引发井壁坍塌。

而热响应膨润土成膜剂则具备较强的高温热响应性，可以在高温条件下迅速成膜，阻止外部水分进一步侵入页岩内部，将其有效与页岩本体结构隔离开来，有效抑制页岩进一步发生恶性水化坍塌，从而提高页岩承压能力，起到稳定井壁的作用。

第六章　热响应膨润土成膜防塌钻井液及工程评价

前述主要讨论了三种热响应膨润土成膜剂的制备及其防塌性，并联合工程用低场核磁共振技术与 GCTS 三维坍塌评估系统实验与评估了热响应膨润土成膜剂对页岩水化坍塌的影响及其工程适用性。本章继续介绍热响应膨润土成膜钻井液及其工程适用性。

第一节　热响应膨润土成膜钻井液配方与基本性能

本章分别以插层热响应膨润土成膜剂（CB-bent）、自锁热响应膨润土成膜剂（GB-bent）及纳米自锁热响应膨润土成膜剂（Nano-GB-bent）为防塌性处理剂，构建了具备不同防塌性的成膜钻井液体系，以针对不同温度的易水化坍塌页岩地层，并对其钻井液体系基本性能、保护储层性能、抑制性能及抗温抗盐性能进行了评价。

热响应成膜水基钻井液的基本配方见表 6-1。

表 6-1　热响应成膜水基钻井液的基本配方

编号	配方
1#	3.0%CB-bent + 0.2%KPS + 1.0%SL-2
2#	3.0%GB-bent + 1.0%SL-2
3#	3.0%Nano-GB-bent + 1.0%SL-2
4#	3.0%CB-bent + 0.2%KPS + 1.0% SL-2+ 1.0%PAC143 + 重晶石
5#	3.0%GB-bent + 1.0%SL-2 + 1.0%PAC143 + 重晶石
6#	3.0%Nano-GB-bent + 1.0%SL-2 + 1.0%PAC143 + 重晶石

添加剂 SL-2 为河北雁兴化工提供的石油级降滤失剂，是由多种丙烯、乙烯基单体经多元苄聚合而成；PAC143（乙烯基多元共聚物）为沙哈（天津）石油技术服务有限公司提供的增黏剂；重晶石的目数为 1250 目，采购自灵寿县丰聚矿产品加工厂。

上述钻井液的基本性能见表 6-2，实验结果表明，配制的低密度或高密度水基成膜钻井液均具有良好的流变性和较低的滤失量，但高密度钻井液体系的滤失量有所增加。特别是低密度或高密度热响应自锁膨润土钻井液的高温高压滤失量均小于 5mL，说明热响应自锁膨润土钻井液具有更强的高温适应性。

表 6-2　热响应膨润土成膜水基钻井液的基本性能

编号	ρ/ (g/cm)	μ_a/ (mPa·s)	μ_p/ (mPa·s)	τ_0/ Pa	V_F/ mL	V_{HTHP}/ mL
1#	1.04	35	21	14.0	5.6	9.2
2#	1.06	38	23	15.1	4.7	3.2
3#	1.06	37	22	14.9	4.4	2.6
4#	2.00	72	43	28.9	6.2	11.3
5#	2.00	76	46	30.2	5.3	4.5
6#	2.00	75	45	30.0	5.1	3.7

注：ρ、μ_a、μ_p、τ_0 分别表示密度、表观黏度、塑性黏度与屈服应力；V_F 表示钻井液在室温（20℃）条件下的 API 滤失量；V_{HTHP} 表示钻井液在 180℃ 条件下的滤失量。

第二节　热响应膨润土成膜钻井液的抑制性评价

本节主要对比实验国内油田常用的抗高温防塌性水基钻井液与成膜热响应水基钻井液的抑制性。

实验的甲酸盐抗高温防塌性水基钻井液及聚合醇（多元醇）抗高温防塌性水基钻井液均由川南井下作业公司提供。HIBTEC™ 是由美国 Shark Oil 开发的第二代高温高压水基钻井液体系，属于不分散、强抑制、环保体系，适用于易坍塌、易垮的强水敏性活性岩层。

川南自 H5-1 井 2500~2800m 的页岩岩屑在几种钻井液体系中 180℃ 热滚 16h 后的钻屑回收率实验结果如图 6-1 所示。

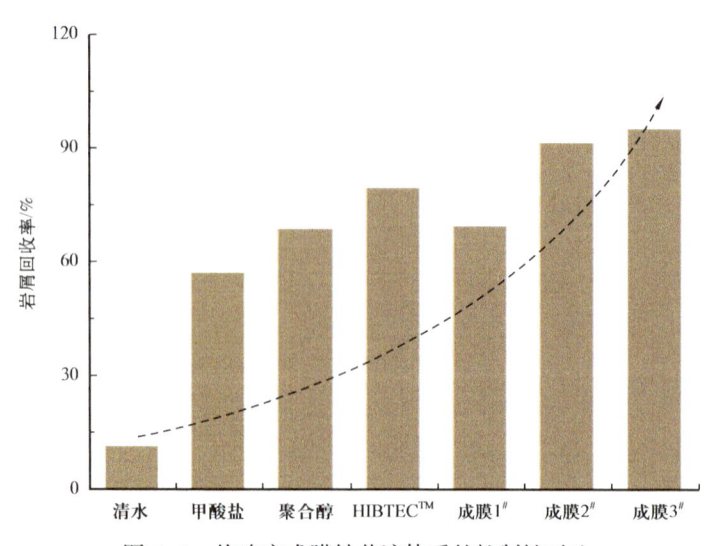

图 6-1　热响应成膜钻井液体系的抑制性对比
成膜 1#、成膜 2# 及成膜 3# 钻井液体系分别为表 6-1 中的 1#、2# 及 3# 钻井液，后同

实验结果表明，热响应膨润土成膜钻井液体系的抑制页岩岩屑水化膨胀、分散能力比油田常用的甲酸盐钻井液及聚合醇钻井液的性能强。

但与国外抗高温高性能防塌型 HIBTEC™ 水基钻井液相比，1#热响应膨润土成膜钻井液的防塌抑制性则较弱，说明插层型膨润土的高温稳定性较差。但 2#与 3#热响应成膜水基钻井液的页岩滚动回收率均高于 90%，强于国外高性能 HIBTEC™ 水基钻井液的防塌性，具有较好的工程应用前景。

第三节　热响应膨润土成膜钻井液的抗温性能评价

上节主要探讨了热响应膨润土成膜钻井液对钻井岩屑的抑制作用，本节进一步对其抗温性能进行评价。图 6-2 是成膜钻井液在不同温度下的滤失量随温度变化的分析曲线。

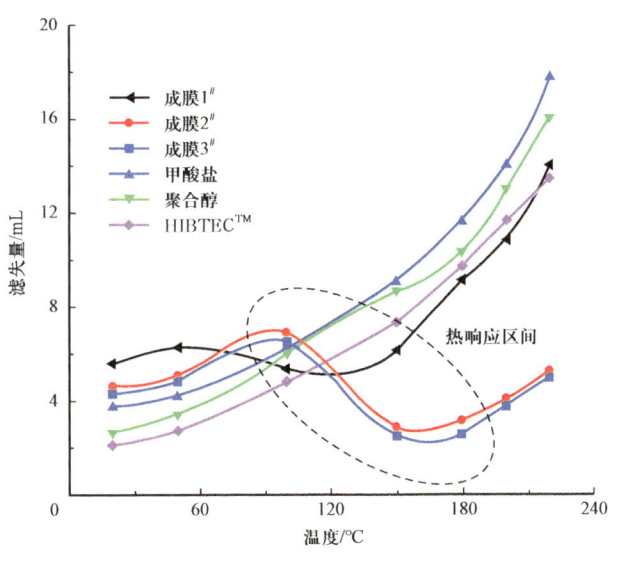

图 6-2　高温高压钻井液滤失量变化曲线

由实验结果分析，较国内油田常用的高性能防塌钻井液，热响应膨润土成膜钻井液体系具有良好的高温针对性，具有抗高温防塌性能，抗高温可达 180℃。成膜 1#钻井液的高温响应温度区间为 100~150℃，其抗高温性能强于传统的甲酸盐钻井液与聚合醇钻井液，成膜 2#与 3#钻井液的高温响应温度区间为 150~200℃，其抗高温性能均强于国外高性能抗高温 HIBTEC™ 钻井液。

第四节　热响应膨润土成膜钻井液的抗盐性能评价

高温 180℃条件下，成膜 2# 与 3# 的高温高压滤失量随盐浓度的变化曲线如图 6-3 所示。实验结果表明，随着盐浓度的升高，高温滤失量变化幅度不大，说明热响应成膜钻井液体系具有较强的抗盐污染能力。

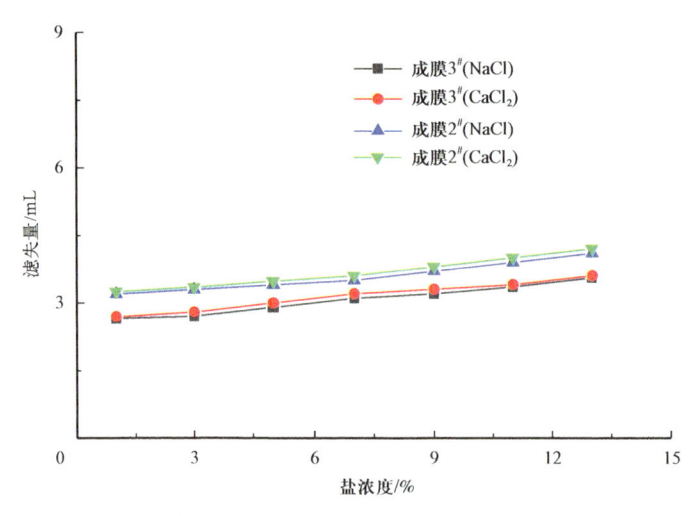

图 6-3 热响应成膜钻井液的高温滤失量随盐浓度的变化曲线

第五节 热响应膨润土成膜钻井液的抗污染性能评价

将不同量的钻屑粉分别加入半透膜钻井液中，高速搅拌 20min，在 180℃ 下热滚 16h，测定热滚前后钻井液的常温性能。结果见表 6-3。

表 6-3 钻井液的抗污染性能

编号	钻屑加量/g	热滚前					热滚后				
		AV/(mPa·s)	PV/(mPa·s)	YP/Pa	FL/mL	pH值	AV/(mPa·s)	PV/(mPa·s)	YP/Pa	FL/mL	pH值
1	0	38	23	15	4.4	9	41	24	17	2.7	9
2	5	38	24	14	5.0	9	43	22	21	3.0	9
3	10	39	25	14	5.4	9	43	21	22	3.2	9
4	15	39	26	13	5.6	9	43	20	23	3.3	9

注：AV 为表观黏度；PV 为塑性黏度；YP 为切应力；FL 为滤失量。

根据实验结果，随着钻井岩屑的投加量增大，钻井液的性能稳定，无显著变化，说明钻井液具有较好的抗污染性。

第六节 热响应膨润土成膜防塌钻井液的长效性评价

采用川南地区页岩油气储层的天然岩心，在压差 3.5MPa，温度 180℃，钻井液流动速度为 108s^{-1} 的条件下，评价热响应成膜钻井液的动滤失量。实验仪器如图 6-4 所示。

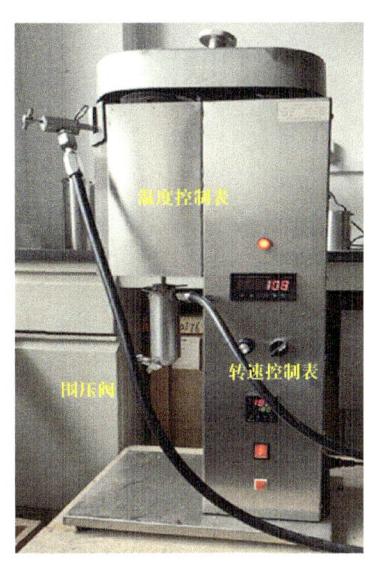

图 6-4　实验中的高温高压动滤失仪

实验中高温高压动滤失仪主要由压力泵、温度控制系统及转速控制系统三部分组成，有效模拟井下高温高压的钻进情况，可充分验证热响应膨润土成膜剂的成膜防塌性。实验测得的动滤失量随时间的变化曲线如图 6-5 所示。

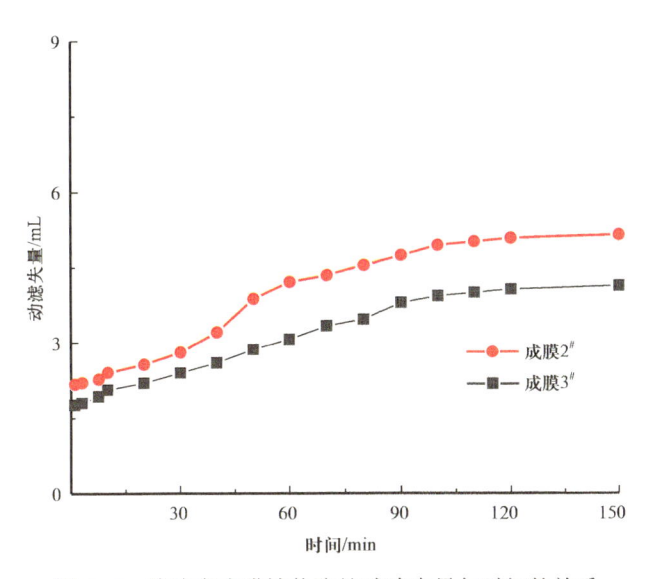

图 6-5　热响应成膜钻井液的动滤失量与时间的关系

根据实践结果分析，如果钻井液滤失不随钻井时间变化而变化，则钻井液的成膜长效性强，防止页岩坍塌和保护储层效果强。上述实验结果表明了热响应成膜钻井液的初期滤失量将随着钻井时间的增长而增长，但总滤失量仍小于 10mL，高温高压动滤失量随时间变化的增量在 120min 后趋于零，表明成膜钻井液体系具有较好的防止页岩坍塌和保护储层效果。

第七节　热响应成膜钻井液渗透率恢复值实验

用川南油田储层的页岩作为岩心垫片，考虑实际的工程条件（实验温度180℃，损害压差3.5MPa，损害速率为108s^{-1}），全程采用动态评价模拟现场钻井液对储层的损害，测定了受热响应成膜钻井液损害后的岩心的渗透率恢复值，实验结果见表6-4。

表6-4　热响应膨润土成膜钻井液动态损害的岩心评价

岩心编号	成膜钻井液	损伤前渗透率/mD	损伤后渗透率/mD	渗透率恢复值/%	实验条件
1-1	成膜2#	214.04	201.95	94.35	温度180℃ 压差3.5MPa
1-2	成膜2#	209.28	198.05	94.63	温度180℃ 压差3.5MPa
1-3	成膜2#	211.62	196.92	93.05	温度180℃ 压差3.5MPa
1-4	成膜3#	207.93	189.84	91.30	温度180℃ 压差3.5MPa
1-5	成膜3#	211.17	191.01	90.45	温度180℃ 压差3.5MPa
1-6	成膜3#	215.40	192.05	89.26	温度180℃ 压差3.5MPa

实验表明热响应膨润土成膜钻井液的成膜对储层损害小，该套体系有利于保护储层。岩心垫片经成膜2#钻井液损害后的渗透率恢复值均大于90%，岩心垫片经成膜3#钻井液损害后的渗透率恢复值也接近90%，说明成膜2#与成膜3#不仅具备高温防塌性，也能有效减轻钻井液对中低渗透率页岩的损害。

第八节　热响应成膜钻井液毒性及荧光性能研究

对热响应膨润土成膜钻井液中的几种处理剂用SY-1生物毒性测试仪进行毒性评价，用发光菌法对其生物毒性进行了测定，如图6-6所示。

CB-bent、GB-bent、Nano-GB-bent、SL-2、PAC143的生物毒性参数EC50检测结果分别为：>80000mg/L、>60000mg/L、>60000mg/L、>70000mg/L、>40000mg/L，均无毒性，而其组成的热响应成膜钻井液也均大于20000mL，达到了建议排放标准。另外，几种处理剂也均未检测到荧光性，有利于地质录井与测井。

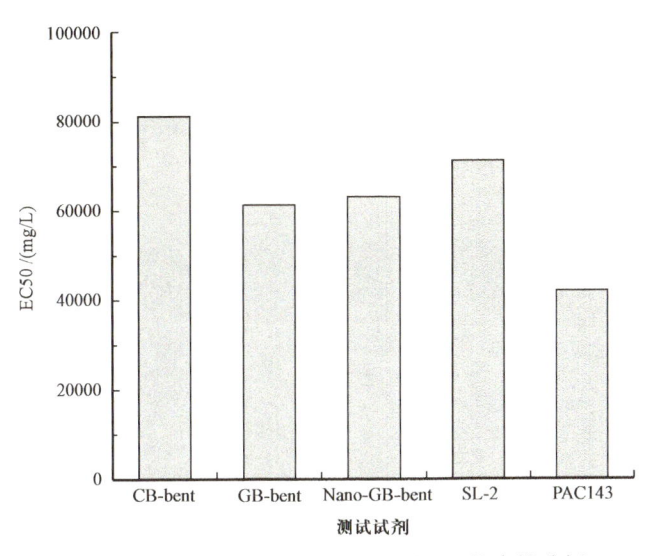

图 6-6 热响应成膜钻井液处理剂的生物毒性分析

第九节　热响应成膜钻井液的工业化生产及成本

为了满足工程需要，尝试与多家公司开展合作，并进行了工业化生产与设计，工业生产所用反应釜如图 6-7 所示。

图 6-7　工业生产热响应膨润土的反应釜

釜体采用316抗温抗爆不锈钢，允许最高反应温度为300℃，电动机转速可达25r/min，允许最大生产压力为10MPa。按照实验配方，进行工业优化与生产，不同性能热响应膨润土的工业生产成本仅为（0.6~2）万元。图6-8为生产的工业级热响应膨润土成膜剂，现日产量为100t。

图6-8 工业级热响应膨润土成膜剂

考虑到热响应膨润土成膜剂的工程可行性，本章进一步讨论成膜水基钻井液的工程造价。综合考虑到配比、材料费、加工费、设备成本、运输费等，热响应膨润土成膜钻井液1#、热响应膨润土成膜钻井液2#与热响应膨润土成膜钻井液3#的工程成本分别为0.8万元/m³，1.2万元/m³，1.5万元/m³，如图6-9所示。

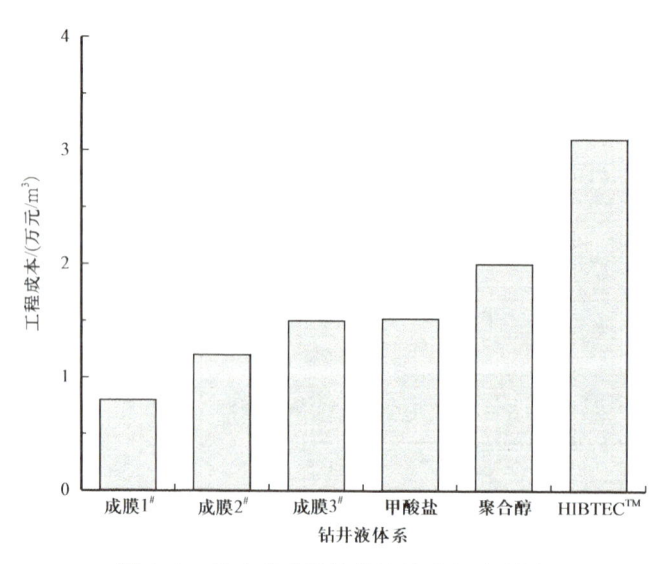

图6-9 热响应成膜钻井液的成本对比图

而油田提供的高性能甲酸盐防塌钻井液与高性能聚合醇（多元醇）防塌钻井液的成本分别为 1.5 万元 /m³ 与 2.1 万元 /m³，美国 Shark Oil 油服公司提供的 HIBTEC™ 则高于 3 万元 /m³，约为热响应成膜 3# 钻井液的两倍。

根据上述研究，热响应成膜钻井液不仅防塌性较强，同时配方简单，工程成本更低，适用于钻进高温易失水页岩地层，具有较好的工程应用前景。

第七章　应用与展望

本书首次提出了制备热响应膨润土成膜剂，基于膨润土的层状矿物结构，开创性地以膨润土卡片结构为基础，制备分析可应用于高温页岩地层的防塌膨润土成膜剂。根据膨润土的层状结构与其表面活性位点，对其进行功能化结构设计与修饰，构造插层型热响应膨润土及多臂型自锁膨润土：

（1）插层型热响应膨润土以具备双伯胺基团的 NIPAM 小分子为插层剂，有效插入了膨润土层间，原位复合形成了热刺激暂堵性膜结构。根据等温吸附实验，插入的质子化后的 NIPAM 小分子与膨润土层状结构间不仅具备传统的离子交换作用，还涉及以氢键吸附作用为主的化学作用。但是该插层型弱交联结构并不能有效应用于温度大于 120℃的高温环境。

（2）基于膨润土表面的活性位点，采用原子可控聚合工艺，对其进行了靶向修饰与功能性生长，依靠亚金属离子，调节活性种与休眠种间的平衡，实现了可控性表面聚合。制备的自锁膨润土为多臂型杂化颗粒，具备显著的高温纠缠成膜功能，能形成致密疏水膜，阻止外部水分侵入页岩内部，有效保证页岩高温的结构稳定性。同时，研究制备三种不同的自锁膨润土可应用于不同的高温环境条件，其响应温度分别为 130℃，140℃与 150℃。但由于其粒径主要以微米级为主，并不能有效地进入页岩内部纳米级孔隙。

（3）以纳米膨润土为原料，构建纳米自锁膨润土，可有效地进入纳米级孔隙，并与页岩内部黏土矿物形成有效的结合并成膜，阻止外部水分侵入页岩内部，遏制页岩的水化坍塌。页岩水化坍塌主要为页岩内部黏土水化所致，经纳米自锁膨润土作用后，页岩的压力传递时间增长近 3 倍，页岩内黏土水化的结合水减少率则达 90%。纳米自锁膨润土实现了高温条件（大于 150℃）自发地保护页岩，阻止水分传递。

（4）采用低场核磁共振技术对比评价了不同类型防塌剂，防塌形式以"软+硬"最佳，纳米自锁膨润土的单体效果强于高性能阳离子乳化沥青与纳米二氧化硅的复合效果，自锁膨润土的防塌性强于高性能阳离子乳化沥青单剂的效果，而插层膨润土的防塌性则与聚乙烯亚胺的防塌性相当。

（5）通过数值建模模拟了页岩水化坍塌，恶性水化坍塌后的页岩损伤以塑性损伤为主，页岩表面及内部以大面积的持续性损伤为主。自锁膨润土与纳米自锁膨润土具备显著的高温防塌作用，其作用后页岩表面裂纹有效地减少，塑性损伤区间大幅度地减少，坍塌特征以脆性断裂为主。页岩的坍塌模拟可以直观地观察到自锁膨润土较其他防塌剂具有更强的防塌效果，可有效地稳固页岩结构强度。

（6）以热响应自锁膨润土成膜剂为基础，配制的热响应成膜钻井液具有高温响应成膜性，防塌性能强于甲酸盐钻井液、聚合醇钻井液及美国HIBTEC™钻井液，抗高温可达180℃，具备较强的抗盐性、抗污染性及工程应用性，对储层损害小，渗透率恢复值趋于90%。

通过对天然膨润土进行结构改性，利用插层或表面生长技术构建了具备温度响应的热响应膨润土成膜剂，初步探索和证实热响应膨润土成膜剂可应用于防止页岩水化坍塌的智能成膜防塌剂。但未来关于热响应膨润土成膜剂在油气井工作液中的应用还需要进一步地对以下问题进行深入讨论：

（1）优化热响应膨润土成膜剂的制备工艺与制备条件，进行热响应膨润土成膜剂的工业化生产，以满足现场大规模的药品投放需求。

（2）进行热响应膨润土成膜剂的规模化应用，争取在四川地区找到多口高温页岩气开采井，进一步开展产品验证。

参 考 文 献

［1］Qiang W, Xi C, Jha A N, et al. Natural gas from shale formation – The evolution, evidences and challenges of shale gas revolution in United States［J］. Renewable & Sustainable Energy Reviews, 2014, 30: 1-28.

［2］Bruijnincx P, Weckhuysen B M. Shale gas revolution: an opportunity for the production of biobased chemicals［J］. Angewandte Chemie, 2013, 52（46）: 11980-11987.

［3］Wang C, Wang F, Du H, et al. Is China really ready for shale gas revolution—Re-evaluating shale gas challenges［J］. Environmental Science & Policy, 2014, 39: 49-55.

［4］张抗. 美国能源独立和页岩气革命的深刻影响［J］. 中外能源, 2012, 17（12）: 1-16.

［5］刘琛, 王洪建, 霍君英, 等. "页岩气革命"背后的潜在环境灾害风险及防范措施［J］. 中国人口·资源与环境, 2014（S2）: 73-75.

［6］管清友, 李君臣. 美国页岩气革命与全球政治经济格局［J］. 国际经济评论, 2013（2）: 21-33.

［7］郭保雨, 柴金鹏, 王宝田. 饱和盐水防塌液体系在王平1井的应用［J］. 石油钻探技术, 2002, 30（3）: 30-32.

［8］何勇波, 余兴伟, 乔勇, 等. 高密度KCl-饱和盐水钻井液在羊塔克1-12井的应用［J］. 钻井液与完井液, 2008, 25（4）: 68-71.

［9］孙明波, 郑斌, 杨泽宁. 羧酸盐分子结构与防塌液性能的关系研究［J］. 钻井液与完井液, 2011, 28（2）: 39-41.

［10］An Y, Yu P. A strong inhibition of polyethyleneimine as shale inhibitor in drilling fluid［J］. Journal of Petroleum Science and Engineering, 2018: 1-8.

［11］Tas B, Ar B, Mka A. Graphene grafted with polyethyleneimine for enhanced shale inhibition in the water-based drilling fluid［J］. Environmental Nanotechnology, Monitoring & Management, 2020, 14.

［12］Hao W, Pu X. Structure and inhibition properties of a new amine-terminated hyperbranched oligomer shale inhibitor［J］. Journal of applied polymer science, 2019, 136（21）: 47573.

［13］Ren Y, Zhai Y, Wu L, et al. Amine- and alcohol-functionalized ionic liquids: Inhibition difference and application in water-based drilling fluids for wellbore stability［J］. Colloids and Surfaces A Physicochemical and Engineering Aspects, 2021, 609（3-4）: 125678.

［14］Yang X, Cai J, Jiang G, et al. Nanoparticle plugging prediction of shale pores: A numerical and experimental study［J］. Energy, 2020, 208: 118337.

［15］马兰. 纳米材料在盐水中的分散性研究及其在油井工作液中的应用探讨［D］. 成都: 西南石油大学, 2018.

［16］Alyasiri M, Wen D. Gr-Al$_2$O$_3$Nanoparticles based Multi-Functional Drilling Fluid［J］. Industrial & Engineering Chemistry Research, 2019.

［17］卢震, 黄贤斌, 孙金声, 等. 水基防塌液用耐高温纳米聚合物封堵剂的研制［J］. 石油钻采工艺, 2020, 251（5）: 66-70.

［18］黄书红, 蒲晓林, 陈勇, 等. 新型无荧光防塌封堵剂HSH的研制及机理研究［J］. 钻井液与完井液, 2013（1）: 9-12.

［19］Zhai K, Yi H, Liu Y, et al. Experimental Evaluation of the Shielded Temporary Plugging System

Composed of Calcium Carbonate and Acid-Soluble Preformed Particle Gels (ASPPG) for Petroleum Drilling [J]. Energy & Fuels, 2020, 34 (11): 14023-14033.

[20] Hao Z, Jing Y B, Sz A, et al. Carboxylized graphene oxide nanosheet for shale plugging at high temperature [J]. Applied Surface Science, 2021.

[21] 孙金生. 水基防塌液成膜技术研究 [D]. 成都: 西南石油大学, 2006.

[22] Ettehadi A, Ulker C, Altun G. Nonlinear viscoelastic rheological behavior of bentonite and sepiolite drilling fluids under large amplitude oscillatory shear [J]. Journal of Petroleum Science and Engineering, 2021 (April): 109210.

[23] 龙礼贤. 中国的膨润土储量在增加 [J]. 铸造技术, 2011 (9): 1202.

[24] 张术根, 谢志勇, 申少华, 等. 膨润土高层次开发利用研究新进展 [J]. 中国非金属矿工业导刊, 2002 (1): 17-20.

[25] Jimenez J, Washington M A, Resnick J L, et al. A sustained release cysteamine microsphere/thermoresponsive gel eyedrop for corneal cystinosis improves drug stability [J]. Drug Delivery and Translational Research, 2021 (2).

[26] Zhou L, Dai C, Fan L, et al. Injectable Self-sealing Natural Biopolymer-Based Hydrogel Adhesive with Thermoresponsive Reversible Adhesion for Minimally Invasive Surgery [J]. Advanced Functional Materials, 2021: 2007457.

[27] Cutright C, Brotherton Z, Alexander L, et al. Packing density, homogeneity, and regularity: Quantitative correlations between topology and thermoresponsive morphology of PNIPAM-co-PAA microgel coatings [J]. Applied Surface Science, 2020, 508 (Apr.1): 145129.1-145129.12.

[28] Zhang J, Wu Q, Li M C, et al. Thermoresponsive Copolymer Poly (N-Vinylcaprolactam) Grafted Cellulose Nanocrystals: Synthesis, Structure, and Properties [J]. ACS Sustainable Chemistry & Engineering, 2017.

[29] Klouda L, Mikos A G. Thermoresponsive hydrogels in biomedical applications [J]. European Journal of Pharmaceutics & Biopharmaceutics, 2008, 68 (1): 34-45.

[30] Gao Q, Hu J, Shi J, et al. Fast photothermal poly (NIPAM-co-β-cyclodextrin) supramolecular hydrogel with self-healing through host-guest interaction for intelligent light-controlled switches [J]. Soft Matter, 2020, 16.

[31] Pasparakis G, Cockayne A, Alexander C. Control of bacterial aggregation by thermoresponsive copolymers [J]. Journal of the American Chemical Society, 2007, 129 (36): 11014-11015.

[32] Akimoto J, Lin H P, Li Y K, et al. Controlling the electrostatic interaction using a thermal signal to structurally change thermoresponsive nanoparticles [J]. Colloids and Surfaces A: Physicochemical and Engineering Aspects, 2019, 577: 27-33.

[33] Jia L, Wu C. Thermoresponsive Fluorescent Semicrystalline Polymers Decorated with Aggregation Induced Emission Luminogens [J]. Chinese Journal of Polymer Science, 2019.

[34] Shekhar S, Mukherjee M, Sen A K. Effect of surfactant on the swelling and mechanical behavior of NIPAM-based terpolymer [J]. Polymer Bulletin, 2020, 77 (38).

[35] Ilgin P, Ozay H, Ozay O. A new dual stimuli responsive hydrogel: Modeling approaches for the prediction of drug loading and release profile [J]. European Polymer Journal, 2019, 113: 244-253.

[36] Balci S. Structural Property Improvements of Bentonite with Sulfuric Acid Activation and a Test in

Catalytic Wet Peroxide Oxidation of Phenol [J]. International Journal of Chemical Reactor Engineering, 2019, 236: 121776.

[37] Sarkar A, Biswas D R, Datta S C, et al. Preparation of novel biodegradable starch/poly (vinyl alcohol) /bentonite grafted polymeric films for fertilizer encapsulation [J]. Carbohydrate Polymers, 2021, 259: 117679.

[38] Yin X, Zhang L, Li Z. Studies on new ampholytic cellulose derivative as clay-hydration inhibitor in oil field drilling fluid [J]. Journal of Applied Polymer science, 2015, 70 (5): 921-926.

[39] Zhong H, Qiu Z, Huang W, et al. Shale inhibitive properties of polyether diamine in water-based drilling fluid [J]. Journal of Petroleum Science & Engineering, 2011, 78 (2): 510-515.

[40] Barreca S, Orecchio S, Pace A. The effect of montmorillonite clay in alginate gel beads for polychlorinated biphenyl adsorption: Isothermal and kinetic studies [J]. Applied Clay Science, 2014, 99 (sep.): 220-228.

[41] Zhang Z, Qin Y, Wang G X, et al. Numerical description of coalbed methane desorption stages based on isothermal adsorption experiment [J]. Science China Earth Sciences, 2013, 56 (6): 1029-1036.

[42] Israels R, Gersappe D, Fasolka M, et al. pH-Controlled Gating in Polymer Brushes [J]. Macromolecules, 1994, 27 (22): 6679-6682.

[43] He Y, He Q, Wang L, et al. Self-gating in semiconductor electrocatalysis [J]. Nature Materials, 2019, 18 (10).

[44] Shao T, Gong Y, Chen X, et al. Preparation and properties of novel self-crosslinking long fluorocarbon acrylate (MMA-BA-DFMA-HPMA) polymer latex with mixed surfactants [J]. Chemical Papers, 2021, 75 (10): 5561-5569.

[45] Brunsen A, Cui J, Ceolin M, et al. Light-activated gating and permselectivity in interfacial architectures combining 'caged' polymer brushes and mesoporous thin films [J]. Chemical Communications, 2012, 48 (10): 1422-1424.

[46] Rahman M M, Mahmud M, Vassanelli S. Self-gating of sodium channels at neuromuscular junction [C] // Neural Engineering (NER), 2011 5th International IEEE/EMBS Conference on IEEE, 2011.

[47] Chen M, Wang Y, Ma W, et al. Ionic liquid gating enhanced photothermoelectric conversion in three-dimensional microporous graphene [J]. ACS Appl. Mater. Interfaces, 2020, 12, 28510-28519.

[48] Li Y, Duerloo K A N, Wauson K, et al. Structural semiconductor-to-semimetal phase transition in two-dimensional materials induced by electrostatic gating [J]. Nat. Commun., 2016, 7, 10671.

[49] Baskaralingam P, Pulikesi M, Elango D, et al. Adsorption of acid dye onto organobentonite [J]. J. Hazard. Mater., 2006, 128, 138-144.

[50] Saleth R M, Inocencio A, Noble A, et al. Economic gains of improving soil fertility and water holding capacity with clay application: the impact of soil remediation research in northeast Thailand [J]. J. Dev. Eff., 2009, 1, 336-352.

[51] Su J, Huang H G, Jin X Y, et al. Synthesis, characterization and kinetic of a surfactant-modified bentonite used to remove As (III) and As (V) from aqueous solution [J]. J. Hazard. Mater., 2011, 185, 63-70.

[52] Oezcan A, Oemeroglu C, Erdogan Y, et al. Modification of bentonite with a cationic surfactant: An adsorption study of textile dye Reactive Blue [J]. Journal of Hazardous Materials, 2007, 140 (1-2):

173-179.

[53] Lagaly G, Ziesmer S. Surface modification of bentonites. III. Sol-gel transitions of Na-montmorillonite in the presence of trimethylammonium- end-capped poly (ethylene oxides) [J]. Clay Minerals, 2005, 40 (4): 523-536.

[54] Adamy S T. Modification of a Bentonite Clay with the Ionic Liquid 1Ethyl-3-methylimidazolium Ethylsulfate [J]. Industrial And Engineering Chemistry Research, 2020, 59 (10): 4192-4202.

[55] Matyjaszewski K, Kajiwara A. EPR Study of Atom Transfer Radical Polymerization (ATRP) of Styrene [J]. Macromolecules, 1998, 31 (2): 548-550.

[56] Hong S C, Pakula T, Matyjaszewski K. Atom Transfer Radical Polymerization (ATRP) [J]. 2001, 202 (17): 3392-3402.

[57] Xu F J, Yang X C, Li C Y, et al. Functionalized polylactide film surfaces via surface-initiated ATRP [J]. Macromolecules, 2011, 44, 2371-2377.

[58] Peles-Strahl L, Sasson R, Slor G, et al. Utilizing self-immolative ATRP initiators to prepare stimuli-responsive polymeric films from nonresponsive polymers [J]. Macromolecules, 2019, 52, 3268-3277.

[59] Ke M, Gao H, Matyjaszewski K. Preparation of homopolymers and block copolymers in miniemulsion by ATRP using activators generated by electron transfer (AGET) [J]. Journal of the American Chemical Society, 2005, 127 (11): 3825-3830.

[60] Ran J, Wu L, Zhang Z, et al. Atom transfer radical polymerization (ATRP): A versatile and forceful tool for functional membranes [J]. Progress in Polymer Science, 2014, 39 (1): 124-144.

[61] Tyagi B, Chudasama C D, Jasra R V. Determination of structural modification in acid activated montmorillonite clay by FT-IR spectroscopy. Spectrochim. Acta Part A, 2006, 64, 273-278.

[62] Castellini E, Malferrari D, Bernini F, et al. Baseline studies of the clay minerals society source clay montmorillonite stx-lb [J]. Clay Miner., 2017, 65, 220-233.

[63] Worzakowska M. Starch-g-poly (benzyl methacrylate) copolymers: Characterization and thermal properties [J]. J. Therm. Anal. Calorim., 2016, 124, 1309-1318.

[64] Demirelli K, Coskun M, Kaya E. Polymers based on benzyl methacrylate: Synthesis via atom transfer radical polymerization, characterization, and thermal stabilities [J]. J. Polym. Sci. Pol. Chem., 2004, 23, 5964-5973.

[65] Anirudhan T S, Jalajamony S, Sreekumari S S. Adsorption of heavy metal ions from aqueous solutions by amine and carboxylate functionalised bentonites [J]. Appl. Clay Sci., 2012, 65-71.

[66] Vold M J. The effect of adsorption on the van der Waals interaction of spherical colloidal particles [J]. J. Colloid Sci, 1961, 1-12, 16.

[67] Zheng J, Hryciw R D. A corner preserving algorithm for realistic DEM soil particle generation [J]. Granular Matter, 2016, 18 (4): 84.

[68] Abdou M I, Al-Sabagh A M, Dardir M M. Evaluation of Egyptian bentonite and nano-bentonite as drilling mud [J]. Egyptian Journal of Petroleum, 2013, 22 (1): 53-59.

[69] Anirudhan T S, Deepa J R. Synthesis and characterization of multi-carboxyl-functionalized nanocellulose/nanobentonite composite for the adsorption of uranium (VI) from aqueous solutions: Kinetic and equilibrium profiles [J]. Chemical Engineering Journal, 2015, 273: 390-400.

[70] Sharma P, Yadav V, Kumari S, et al. Deciphering the potent application of nanobentonite and α−Fe_2O_3/ bentonite nanocomposite in dye removal: revisiting the insights of adsorption mechanism [J]. Applied Nanoscience, 2021, 12: 45−54.

[71] Zhao S, Liu S, Wang F, et al. Sorption behavior of chlorinated polyfluorinated ether sulfonate (F−53B) on four kinds of nano−materials [J]. Science of The Total Environment, 2021, 757: 144064.

[72] Lubis M, Yadav S M, Park B D. Modification of Oxidized Starch Polymer with Nanoclay for Enhanced Adhesion and Free Formaldehyde Emission of Plywood [J]. Journal of Polymers and the Environment, 2021, 23: 9−11.

[73] Darvishi Z, Kabiri K, Zohuriaan−Mehr M J, et al. Nanocomposite super−swelling hydrogels with nanorod bentonite [J]. Journal of Applied Polymer Science, 2015, 120(6): 3453−3459.

[74] Abulyazied D E, Mokhtar S M, Motawie A M. Nanoindentation Behavior and Physical Properties of Polyvinyl Chloride/Styrene co−maleic anhydride Blend Reinforced by Nano−Bentonite [J]. 2015.

[75] Sanchez−Alonso I, Moreno P, Careche M. Low field nuclear magnetic resonance (LF−NMR) relaxometry in hake (Merluccius, L.) muscle after different freezing and storage conditions [J]. Food Chemistry, 2014, 153(jun.15): 250−257.

[76] Li K, Liu J Y, Fu L, et al. Effect of gellan gum on functional properties of low−fat chicken meat batters [J]. Journal of Texture Studies, 2019, 50(2): 131−138.

[77] Mao Y, Xia W, Peng Y, et al. Wetting of coal pores characterized by LF−NMR and its relationship to flotation recovery−ScienceDirect [J]. Fuel, 2019, 13: 272−280.

[78] 李杰林, 刘汉文, 周科平, 等. 冻融作用下岩石细观结构损伤的低场核磁共振研究[J]. 西安科技大学学报, 2018, 160(2): 96−102.

[79] Xu G, Shi Y, Jiang Y, et al. Characteristics and Influencing Factors for Forced Imbibition in Tight Sandstone Based on Low−Field Nuclear Magnetic Resonance Measurements [J]. Energy & Fuels, 2018, 32(8): 8230−8240.

[80] 苏俊霖, 董汶鑫, 罗平亚, 等. 基于低场核磁共振技术的黏土表面水化水定量测试与分析[J]. 石油学报, 2019, 40(4): 468−474.

[81] Lubliner J, Oliver J, Oller S, et al. A plastic−damage model for concrete [J]. International Journal of Solids & Structures, 1989, 25(3): 299−326.

[82] Shi G, Voyiadjis G Z. Computational model for FE ductile plastic damage analysis of plate bending [J]. Journal of Applied Mechanics, 1993, 60(3): 749−758.

[83] Lee J, Fenves G L. A plastic−damage concrete model for earthquake analysis of dams [J]. Earthquake Engineering & Structural Dynamics, 2015, 27(9): 937−956.

[84] Yuan Y, Rezaee R, Verrall M, et al. Pore characterization and clay bound water assessment in shale with a combination of NMR and low−pressure nitrogen gas adsorption−ScienceDirect [J]. International Journal of Coal Geology, 2018, 194.

[85] Wang X, Meng Q, Hu W. Numerical analysis of low cycle fatigue for welded joints considering welding residual stress and plastic damage under combined bending and local compressive loads [J]. Fatigue & Fracture of Engineering Materials & Structures, 2020, 43(5).

[86] Cmp A, Cdp A, Jmr A, et al. Optical spectroscopic study of natural rock's minerals [J]. Materials Today: Proceedings, 2021.

[87] Yang S J, Zou L Y, Liu C, et al. Codeposition of Levodopa and Polyethyleneimine: Reaction Mechanism and Coating Construction [J]. ACS Applied Materials & Interfaces, 2020.

[88] 邓虎,孟英峰,陈丽萍,等.硬脆性泥页岩水化稳定性研究[J].天然气工业,2006(2):73-76.

[89] 路保平,林永学,张传进.水化对泥页岩力学性质影响的实验研究[J].地质力学学报,1999,5(1):65-70.

[90] Wen H, Chen M. Water activity characteristics of deep brittle shale from Southwest China [J]. Applied clay science, 2015, 108: 165-172.

[91] 蔚宝华,王治中,郭彬.泥页岩地层井壁失稳理论研究及其进展[J].钻采工艺,2007,30(3):16-20.

[92] 邱正松,李健鹰.硬脆性页岩坍塌机理的实验研究[J].钻井液与完井液,1989,6(2):26-31.

[93] 王伟吉.页岩气地层水基防塌钻井液技术研究[D].青岛:中国石油大学(华东),2019.

[94] 康毅力,陈强,游利军,等.钻井液作用下页岩破裂失稳行为试验[J].中国石油大学学报(自然科学版),2016,40(4):81-89.

[95] 唐文泉.泥页岩水化作用对井壁稳定性影响的研究[D].青岛:中国石油大学(华东),2011.

[96] Zhang S, He Y, Chen Z, et al. Application of polyether amine, poly alcohol or KCl to maintain the stability of shales containing Na-smectite and Ca-smectite [J]. Clay Minerals, 2018, 53(1): 29-39.

[97] Yin X, Zhang L, Li Z. Studies on new ampholytic cellulose derivative as clay-hydration inhibitor in oil field drilling fluid [J]. Journal of Applied Polymer Science, 2015, 70(5): 921-926.

[98] Yao R G, Jiang G, Li W, et al. Effect of water-based drilling fluid components on filter cake structure [J]. Powder Technology, 2014, 36: 12-19.

[99] 徐加放,邱正松,刘庆来,等.塔河油田井壁稳定机理与防塌钻井液技术研究[J].石油钻采工艺,2005,27(4):33-36.

[100] 王富华,邱正松,王瑞和.保护油气层的防塌钻井液技术研究[J].钻井液与完井液,2004(4):50-53,76-77.

[101] 陈志学,兰芳,梁为,等.华北牛东地区深井抗高温防塌钻井液技术研究与应用[J].油田化学,2019,36(1):1-6.

[102] 刘湘华,陈晓飞,李凡,等.SHBP-1超深井三开长裸眼钻井液技术[J].钻井液与完井液,2019,202(6):64-69.